福是一种

力

著 希微

民主与建设出版社
·北京·

图书在版编目(CIP)数据

幸福是一种动力 / 希微著. -- 北京：民主与建设
出版社，2016.8 （2024.6重印）

ISBN 978-7-5139-1231-0

Ⅰ.①幸… Ⅱ.①希… Ⅲ.①幸福－青年读物
Ⅳ.①B82-49

中国版本图书馆CIP数据核字（2016）第180101号

幸福是一种动力
XING FU SHI YI ZHONG DONG LI

著　　者	希　微	
责任编辑	刘树民	
出版发行	民主与建设出版社有限责任公司	
电　　话	（010）59417747　59419778	
社　　址	北京市海淀区西三环中路10号望海楼E座7层	
邮　　编	100142	
印　　刷	三河市同力彩印有限公司	
版　　次	2017年1月第1版	
印　　次	2024年6月第2次印刷	
开　　本	880mm×1230mm　1/32	
印　　张	6	
字　　数	180千字	
书　　号	ISBN 978-7-5139-1231-0	
定　　价	48.00 元	

注：如有印、装质量问题，请与出版社联系。

目 录
CONTENTS

越相信美好，它就越接近你

目 录

不要因为错过太阳而哭泣

CONTENTS

我只要我的幸福

目　录

此刻，我很富有

CONTENTS

尽情美给自己看

目 录

找到想要的生活

越相信美好，它就越接近你

我们要尽量去相信美好的东西——

相信真爱存在，
相信生活很精彩，
相信他人的善意，
相信自己的能力，
相信努力有意义，
相信事情会变好，
相信幸福会来敲门……

越相信美好，它就越接近你

这世上，悲观的人很多。他们总觉得，凡事往坏处想，才会对坏事有应对能力，才不会遭遇突如其来的打击。这当然有道理，但这个悲观，应该建立在客观的基础上。事实上，大部分人是过于悲观了，而正是由于这份悲观，导致了坏结果。

其实，一个人能不能过得好，一定程度上取决于他相不相信自己能过好。因为相信是有力量的。你相信自己是什么样，你就很可能活成什么样。

[1]

初中时，我和父母去一个远房姑姑家串门。姑姑家境不太好，我们一进门，她就讲起了烦心事：姑夫醉酒后骂她，大儿子该订婚了但她家根本付不起彩礼，二儿子初中毕业一直没找到合适的活干，家里穷得年三十儿的饺子都没舍得放肉，打三个鸡蛋凑合了……

我看着姑姑一脸悲苦，心里特别替她发愁，几乎掏出压岁钱来给她买肉包饺子。这份愁，一直印在我脑海里好多年。直到去年，我妈有次告诉我：你姑姑的房子拆迁，补偿了三百万，现在她可有钱了。我莫名觉得心里一块大石头放下了，欢快地说：太好了，这下姑姑可美了吧? 妈妈摇头：也没有。

没多久，姑姑来我家串门，脸上没一点喜气，还是写着一个大大的"愁"字。坐下来，她还是诉苦：两个儿子为了钱打架；姑夫把钱借给了不靠谱的人；大儿媳平白给了娘家三万块；二儿子投了四十万做生意，也没看到赚回来多少……总之，虽然吃上肉了，但吃得一点也不香。

我听着，又开始替她发愁，只是又隐隐觉得不应该愁。后来我妈跟我分析说，其实姑姑家以前也没那么苦，但她好像就那样的心态，就是觉得日子过不好。比如以前她说付不起儿子的订婚彩礼，其实他们最后没给多少，也照样把媳妇娶进门了。说年三十的饺子没放肉，其实她买得起，只是舍不得放。当时她家俩儿子都成年赚钱了，日子还是说得过去的。

还有这次，她说二儿子投了四十万的生意，刚开始做，当然不会马上有太大盈利，赚钱的时候还没到呢。姑姑就是太悲观太没信心，总觉得什么事都没好结果。不是日子真的苦，而是姑姑心里认定了日子就是苦的。不是真过不好，而是她发自内心地相信不会过好。于是本来不苦的日子，也过得分外愁苦了。

一个朋友说：有些人，有钱没钱都过不上好日子。可能真是这样。如果一个人对生活的心理预设就是"苦"，对所有事情的预期都是"坏"，那么就算日子不苦不坏，他也必然会沉浸在愁苦里。

[2]

曾经有个高富帅的男同事，是典型的花花公子，女朋友嗖嗖地换，换得我们眼花缭乱。

有次我问他：这么多姑娘，就没有一个是你特别满意，想跟她长久交往的吗？他说没有，因为总是相处没多久就发现她们根本不爱我。我说，不是有个高个子姑娘对你很好吗，你都又换好几轮了，人家还给你买礼物，还哭着给你打电话，我觉得她对你是真爱。他说，姐你真逗，这世上哪有真爱啊，她找我就是图我钱，我心里明镜似的。

这个玩世不恭的家伙，到现在还没结婚，我想他是还没有遇到真爱。可是，一个不相信真爱的人，会遇到真爱吗？恐怕遇到了，也会觉得对方是图他钱、图他帅，于是并不珍惜，也不做长久打算，然后受到轻慢的姑娘就受了伤，不得已收回真心，忍痛撤退。

你不相信她爱你，她最后就真的不爱你了。

[3]

以前看过关于狼孩的故事：人类的幼儿，被狼掠去抚养，于是就养成了狼的习性，白天睡觉晚上活动，怕水怕火怕光，不吃素食，吃肉也是放在地上用牙齿撕开吃，每到午夜就像狼一样引颈长嚎。就算后来回到人群中间，狼孩的这些习性也很难改变。因为他骨子里就相信自己是一只狼，就应该像狼一样生活。

虽然他本质上是一个人，但他不相信，自然也就没办法活得像个人。我想，可能世上很多人也是这样，因为错误的"相信"，而活成了不该成为的样子。

一个能力很强的人，因为相信自己是弱者，就照着弱者的方式生活，最后真的成为弱者。一个很有才华的人，因为相信自己平凡，才华得不到提升和展露，最后就真的变得庸常。

[4]

很多时候都是这样：你相信什么，就会看见什么，就会遇到什么，就会成为什么。

你相信日子过不好，日子就很可能真过不好。你相信世间没有真爱，就很可能遇不到真爱……你的相信，未必一定应验，但常常对结果有重大影响。

你相信一株花会开，就会愿意悉心浇水施肥，最后它可能就真的开了。你相信这花不会开，就懒得管它，任其自生自灭，最后它可能就真的开不成。

你相信一份工作有意义，就会尽职尽责、全力以赴，就比较容易获得收益，这工作就真变得有意义。你相信这工作没意义，就潦草敷衍、三心二意，于是赚不了多少钱，也得不到提升，这工作就真没意义了。

事情的结果通常都不是注定的，有无数可能性，关键在于你朝哪个方向走。而你的认知决定了你的意志，你的意志又指引着你的行为，你的行为就决定了你的生活。

因此，如果你想要得到什么，只要是现实可行的愿望，就应该相信自己能得到。你的信念应该与愿望保持一致，这样才可能心想事成。所谓信心，就是一颗相信的心。它会给人勇气，给人力量，给人耐心。

所以，我们要尽量去相信美好的东西——相信真爱存在，相信生活很精彩，相信他人的善意，相信自己的能力，相信努力有意义，相信事情会变好，相信幸福会来敲门……

这些美好，你越相信，就越接近。

幸福是很简单的事

我的电脑桌面上，一直保存着一张图片：寂静苍穹下，一条蜿蜒的山路，通往山顶。湖蓝色的夜空，呈现出丝绸的莹莹光泽，非常细腻柔软。圆月高悬，星子璀璨，指引着孤独的赶路人。如同看到某个时光切片里的自己。

记得初中时，不在学校寄宿的那一年，我几乎每天都要经过那样一条山路。头顶是湖蓝色的天空，星子闪烁，像剥落的鱼鳞吸附在上面。我在星空下行走，拎着装咸菜的麦乳精空罐子，清瘦的背脊飕飕发凉，身边是薄坟、山塘、土地，还有无尽的小灌木和虫鸣。直到听到"笃笃"的打铁声，心里才安稳下来。那个时候，没有人知道，那种声音，对于一个夜行的少年来说，是怎样的一个温暖所在。

村里的老铁匠在他的小屋子里打铁，从清晨，到夜深。他的哑妻，陪在他身边，给他纳鞋底，或拉风箱。红色的炉火，发出耀眼的光亮，升腾至屋顶，然后又化作轻薄的雾气，消弭于夜空之中。像童话中的小屋子，被神迹光顾。

我远远地路过他的小屋子，一路踩着打铁声，飞快前行。不一会儿，就能看见家里的灯光了。灯光是屋子的内核。有了一盏灯，屋子就有了由内而外的轮廓。那个时候，母亲已经病了，父亲在家中磨豆腐卖。披星戴月，只是一个与生计有关的词。

下了山，脚下道路平坦起来，大片的稻田承接了山路，水塘隐隐约约的，像镜子，映照着星空。偶尔也会看见小孩子们点着稻草火把，在田垄上奔跑，叫喊，大声地练习乘法口诀。火光把夜幕烧出一个又一个的洞，燃烧出好闻的植物香气，空气一大团一大团的，也热闹起来了，像一场流动的盛筵。

后来，老铁匠的哑妻故去。那个沉默了一辈子的女人，走时来时都无声无息。他把她埋在屋后的山坡上，离屋子咫尺之遥。记得有一次，我无比口渴，去她家中讨水喝。她耳朵也听不见，但知道我的来意。她从水缸里舀出一勺井水，递给我，借着炉火，还能看见漂浮在勺子里丝丝缕缕的青苔。水很甘甜，却有些微微的腥气，像沾染过鱼鳞。

春天的时候，屋后的山坡上会长满忘忧草。忘忧草的花，在盛夏绽放，然后被采摘，晾晒。黄灿灿的花，晒干后送到镇上，据说可以卖到很远很远的地方去。忘忧草的茎，则枯萎于夏末秋初，水分被大好的阳光蒸发，只留下淡黄色的一层草茎。空气凉下来的时候，村里的小学开学了，就会不断有小孩子来折那种草茎，折成一小段一小段的小棍，用来计数。

很多年了，我们家乡的小学，都是用那种小棍练习数学。我们从一个一个的阿拉伯数字，练习到百以内的加减法，然后一茬一茬地慢慢长大，慢慢离开。很多年后，我已经不走那条山路了。很多人都不走了。从镇上，到村里，修了水泥马路，车很方便，已经没有多少赶夜路的人了。

几年前，我坐在家乡的小板凳上，仰头凝望，星光扑面。那个时候，母亲睡在对面的山林里，父亲在屋内点着松针烧火，女儿坐在我的身边——我教她数漫天星斗，一颗，两颗，三颗……她的眼睛亮晶晶的，手里攥着一把忘忧草草茎折成的小棍子，仰着小小的脸，对这个人世充满了美好的期望。

后来，听到一首老歌，唱的是，"星星是穷人的钻石，幸福是很简单的事。"想起人生中的一幕幕，犹如一个个的时光切片。于是感叹每个人心中的路，其实都蜿蜒得无可丈量。而在这条路上，遇到的很多事情，其实都不会朝着我们所期望的样子，去成长，去发生。

你要怎样努力仰望，才能不迷失最初的方向？幸福是很简单的事。幸福是比任何无忌的童言，都要真实，都要高贵的事。在恒久的星空下，我们都是孤独的夜行人。只要捧起你的慈悲心肠，又还有什么，不值得去原谅。

我们想要的幸福，只不过是阳光静好

晚上八点多，手机突然叮叮叮狂响了几十下，一打开，原来是小园姑娘发来的一大堆照片，全是她的婚纱照。我一张张地滑过，中式的、欧式的，端庄的，甜美的，每一张不变的是她的笑容，眼睛有点弯，浅浅的笑，却率真可爱，像她平时笑起来一样。幸福真的都是写在脸上的。

还没看完照片，手机还一直在响，小园又加了一句话，"我终于要把自己嫁出去啦！嫁给我帅气的王子喽！刚出来的照片，你快看看哪！"

真是心急的丫头。"大姐，你发这么几百张，也要让我慢慢看！慢慢欣赏啊！"

"好咯！是不是被我漂亮、端庄、大气、典雅的气质给美到久久不能移开？嘻嘻，快祝福我嘛！"

要是别人这样说，可能会被说太作，或者太自恋。但是对于小园，我只觉得蛮自然率真的，一直这样就好，而且她也值得这样的幸福。

小园是我的高中同学。她当时留着齐刘海，长直发，戴着个眼镜，脸圆圆的，似乎安安静静的（只是似乎）。一开始我也没有注意到她。后来有一天我在路上捡到一个校章，一看是班上的同学，可是那照片好像和人对不上。后来拿去还给她时，我问她，"那照片是你吗？"

小园低头看了下照片，"是啊，怎么不像吗？"

我说，"好像小孩子，你贴的啊？你还没穿校服啊……"

话刚说完，小园就趴在桌子上一个劲地笑，"哈哈哈哈哈哈，真是我贴的，我小学的照片，你好聪明啊哈哈……"

我无语地看着笑做一团的她，这姑娘笑点还真低，而且奇怪，"好明显好吗？而且你现在比较胖耶，圆圆的，哈哈哈……"

"啊……你说我胖！"小园突然抄起桌上的书拍了我一下。

就这样，我和小园熟悉了，又成为好朋友，我也给她取了个名字叫小圆，但因为她一直抗议，后来变成小园，也成为全班人都喊的名字，深入人心。

小园有句座右铭，是心想事成，她说你心里想什么，最后都会达成的。高中的时候，大家都背负着升学压力，特别是到了高三时。但是只有小园是笑得最没心没肺的那个。她总是跟我说，心想事成是一定有的。我开始也不相信，但后来我发现真的是有这么一回事。

她想考个师范，说想以后做老师，工作安稳点又有假期，然后要找个帅气又疼她的老公，生一两个小孩，过个幸福的小日子，这样就好。而事实也确实就是这么走着的。所以，她让我觉得，"心想事成"这事还是有的，而且不用争不用抢，好好对待生活，过好每一天，你心里想要的，自然会来的。

大学时，小园说自己要过得更开心，要在大学里谈个恋爱。她好像潜力大爆发，不再做个安静的女子，跑去玩了一堆社团，什么舞蹈、跆拳道、轮滑等等，陆陆续续也有好几个人追她。但她都不喜欢，总是和我说不够帅，每一次都要被我鄙视太肤浅。

后来突然有一天发现院篮球队里有个帅哥原来是高中隔壁班上的，她惊觉自己以前是不是眼瞎了。于是在一个秋天下雨的夜晚，打了一通电话和我滔滔不绝讲她少女心的波荡起伏后，决定向这位大帅哥展开猛烈的攻势。

然而大帅哥一开始也没有怎么理会她。可能见多了小女孩的花痴眼神和尖叫声吧。在经历了半年多的倒追后，小园心想可能没用了，准备放弃了。谁知道这个时候，大帅哥自己掉过头来追她，又是送花又是做早餐，小园也就乐呵呵地接受了。

一开始也有很多人不看好他们，帅哥应该是比较花心吧。谁知道，他们大学四年一直在一起，毕业了就一起回家乡。每次我问大帅哥，为什么后来又来追小园时，他总是笑嘻嘻地说因为小园漂亮啊。然后小园就在旁边得意地笑成一朵花。真是最嘚瑟的秀恩爱啊。不过，答案重要吗？不重要，因为看到现在他们幸福的样子就是最好的答案。

从回忆中拉回思绪，我回她，"小园童鞋，我手机被你超凡脱俗的气质给震慑到快死机，刚才一阵狂震狂响，我都以为它要傻了。"

"哈哈，没办法，姑娘我就是这么有气质啦。"

"你这个不要脸的家伙。这样就很好，美美哒。你得对，心想事成，都会心想事成的。"

叮叮，小园回复说，"是的，我一直都觉得我是个幸运的人，因为我心里想要的，最后都会自然而然来的。心想事成，我们都是哦！""哈哈，今晚看着照片一直在笑，我家大帅哥说我笑得很傻。"

我可以想见，这姑娘对着手机屏幕在傻笑的样子，不倾国倾城，却让你总忍不住跟着笑。这也是她的魅力之一，总能把一件明明不好笑的事，让大家因为她的笑而跟着笑。

有时说相由心生，也是这个道理，比如你总觉得命运对你不公，总是带着一副苦瓜脸，本来有人想给你机会，可能就没有给，结果你又觉得自己遇到不公平的对待。而小园，她相信自己是个幸运的人，她相信生活都会心想事成，她会为一件小事而开心，会为生活里很多事而心存感恩。这样的姑娘，就像个小太阳，她散发出温暖的光，自然地，温暖也会靠近她。

平凡如我们，生活不过是由一些小事组成。拥有一颗相信心想事成的心去过余生，不用轰轰烈烈，只要细水长流，阳光静好。

沸腾地活着

我很喜欢别人跟我说，这个真好听，这个真好看，这个地方值得你请假去一趟⋯⋯

一位朋友突然在吃饭时大叫一声："老板呢？"把服务员吓得够呛，以为发生了什么事，朋友激动地站起来说："这碗这么漂亮，哪儿买的，能不能卖给我？"原来是看上这只碗了，她不过是认同老板的品位而已。老板自然是出现了，淡淡地说："我收集的，我好这一口，还有一只，喜欢就送你吧。"

一个热气腾腾的灵魂遇到另一个热气腾腾的灵魂。

一个有意思的人说，我看到一个喜欢的东西，会幸福得直"哼哼"，当然，值得他"哼哼"的都是一些无用的东西，比如：一本书、一场演出、一个不错的创意⋯⋯

蒋勋在中国台湾很有名气，我对他讲的一段话印象很深。他住的房子在淡水河边，但是，开发商似乎对风景没什么感觉，窗户开得很小。他做了什么？他请来建筑系的学生，在家里开了12扇窗，往外推的窗，风景一览无余。此外，还架出了一个小小的阳台。

这个画面我印象很深，我也是喜欢很多窗，喜欢看到窗外风景的人。有时，我为了争取一个窗边的位置都要费很多口舌。出外旅行订房时，问的第一句话是窗外有风景吗？为了一个带景观阳台的房间，晚上居然舍不得睡觉，在阳台上呆坐半小时，结果感冒了⋯⋯

[有热气腾腾的灵魂]

对风景如此贪恋的人，也算得有热气腾腾的灵魂吧。他们人到中年，还有兴奋点，这个兴奋点碰巧还跟钞票没太大关系。

一个爱书的人，提到他某天买到一款蜡烛，很激动地请了几个朋友来家里吃饭，只因为这个蜡烛名字叫"图书馆"：潮湿、油墨味、雨天、木屑……他要分享这图书馆的味道。

友人前不久在国外参加了一个54岁男士的毕业音乐会。这个男人小时候的梦想是当个音乐家，但是由于各种原因，后来学了飞机修理专业，当了一辈子高级修理工程师，自称高级工人。50岁他光荣退休，接下来干什么？实现梦想啊。

正儿八经报名去大学音乐系学作曲，跟小朋友们一起上了4年大学，54岁毕业，自己作词、作曲、演奏，钢琴、小提琴、竖琴样样都来，邀请亲朋好友来参加他的音乐会，这是一场多么感人的音乐会啊，友人说感受到了一种力量，热气腾腾的力量。人家50岁才开始呢。倒是很多年轻人认为梦想是空话白话，也可以说根本就没有梦想。

一个来国内旅行的美国大学生说，他很不喜欢一些中国大学生，因为他们无趣，除了房子车子不会聊别的。友人说起来很感慨，美国大学是没有年龄限制的，你经常可以看到50岁的老人与18岁的年轻人同班学习，互不干扰，互相帮助。她说有一天，她看到自习室里有一位头发花白的老绅士在认真地看书，前前后后坐的都是年轻人，那情形像是一道风景。

[热气腾腾地活着]

国外的年轻人都会有毕业旅行，意在寻找自己的梦想，这个过程父母是可以资助的。她的一个朋友就资助孩子去墨西哥旅行，而她的孩子真的在那里找到了自己的梦想——一个美丽能干的墨西哥姑娘。

他租了一段海岸线（那里的海岸线是可以承包的，你可以使用，但有维护的义务），并承包了海岸线后的一片山林，在海边盖了自己的梦想小屋，凭自己的劳动在南美生活下去。他的母亲不但没有反对，反而很高兴：瞧，他终于实现了他的梦想，他一直梦想自己有一个海边的小木屋，屋里有个长发姑娘。瞧，他热气腾腾地活着，真好。

友人笑着说，美国人虽然饮食不健康，但心理很健康。所以，他们的寿命长。爱运动是一个方面，精神放松、有热情对生命的影响力，有时超过了饮食对健康的影响。中国人饮食精细、讲究，但精神容易压抑，总高兴不起来。

　　仔细想想，她的话还真有道理。美国的胖子也很多，但他们多是健康的胖子，很少有减肥之说。他们聊书，聊旅行，聊运动，他们的生活新鲜简单，你如果只知道聊赚钱，他们会以不屑的目光望着你，言下之意是：你活得太不热气腾腾了。

她的努力，只是想活得更自由

身边有一个身材娇小打扮入时、举止得体生活精致的女生，是隔壁部门的主管。我们都叫她小A，样样都是优异的A。

她的英文名字叫Ada，戴着黑框眼镜，即便是不施粉黛，也能看出出门前精心修饰的发型与嘴唇上永远润泽的颜色。她很努力，每天前三个到办公室，给桌上的绿萝浇水，整理前一天加班散落的文件，即便是主管，她仍然每天替身边的同事擦一擦桌子，扶好倒下的水杯并打开电脑，一天的工作，就从清晨开始。

她很努力，每天精力旺盛，以一敌百，在办公室与上司据理力争，在同侪面前是个拼命三郎，在下属面前关怀备至，即便是加班加点，她也从来都是最早一个上班，最晚一个下班。我们常常在茶水间遇到，点头之余，也会闲聊几句。

昨日下午，我在茶水间打完业务电话，乘着屋外阳光灿烂，想要调整一下糟糕的心绪，再进入到工作状态。她站在我身后，手里递过来冒着热气的牛奶，"喝一点吧，心情会好点。"

"谢谢。"我接过她手里的牛奶，与她一起坐下来。

"你怎么可以每天都这么精神奕奕？好像停不下来的小马达，充满动力。"我笑着问她。

"哪有你说的那么好。我有时候也会像你刚才那样啊，站在那里，一个人出神，收拾一下心情，准备下一次冲锋。"她爽朗地笑着，一点都不为我冒昧的一问而感到尴尬。

"其实，作为女生在职场里，有时候真的很有挫败感。上司苛责，同事冷眼，还有那无休止的加班，客户的责骂，家人的不理解。"说到家人的不理解，她的眼神黯了下来。

"很多时候，我们这么努力，不是为了去证明什么，而是想要活得自由一点。"她站起来，拿着杯子笑着走开。

想不明白的我，坐了一会儿，也站起来开始重新投入工作，只是那句话：很多时候，我们这么努力，不是为了去证明什么，而是想要活得自由一点，常常会不经意间冒出来。而我也发现，在之后的日子里，不论我遇到什么事情，恼怒、焦躁一起向我袭来的时候，我就不自觉地朝她所在的角落看去，她依然那么淡然，气定神闲，于是我深呼吸一口气，告诉自己也可以如她一样。

之后的第二周，部门活动聚餐，大家在KTV唱歌至深夜12点，啤酒瓶散落一地，每个人脸上都带着月底加班后解脱的兴奋，在灯光下变换着不同的颜色。唯独她坐在角落边，看着大家笑闹，偶尔插播一两句，总能恰中要害，画龙点睛。我去厕所吐完出来，她站在门外，递给我一张纸，说："尽力就好了。不用逢迎，下班了，做回自己就好啦。"

然后，我又跑回厕所一顿狂吐，隐约记着，她说，不要逢迎，原来是看出最后不能喝的我，还被上司猛灌，知道我力有不逮。深夜，我们一群人站在马路上打车，一辆跑车停在A的面前，隔得太远，加之又不清醒，只隐约看到A不太情愿，车里的人努力想要她坐上车，最终A拦了一辆出租车，绝尘而去。

第二天，中午吃饭的时候，听到部门小八卦说，小A昨天为什么没有上那个高富帅的车？一直听说追她的人都家境超好，果然名不虚传。另一个说，A好像家境一般呀，这么好的机会，何必要自己这么辛苦的起早贪黑，拼命干活儿？干了几年还只是当个主管，一个月工资还不如买几个包呐。

说完一脸的不理解。另一个又接上话：谁知道昨天晚上是不是玩欲擒故纵的戏码。

"哼，我可不信，那些名贵的包，是她舍得买的。"

她们毫不顾忌旁边一脸讶然的扒饭的我，一边说一边笑着，绝尘而去。

下午，中场休息的时候，我又在茶水间里遇到了A，她的黑眼圈连粉底都挡不住，双眼无神，看着杯子里的花茶，连水溅出来，都没看到。

"小心烫。"我轻轻摇了一下她。她回我一个感谢的笑脸。

"你也听到什么了吗？你也应该听到了。公司不大，小道消息才传得最快。"我看着她，不置可否。应该中午坐在附近吃饭的她，也听到了不少闲言碎语。只是作为高冷的她，怎么会去跟她们计较？

"作为女生，立足职场本已不易，却还要因为自己的努力饱受别人非议。"她幽幽叹了一口气。

与她聊天，才知道，她身上每一件衣服、每一个饰品、每一个搭配，都是她通过自己的辛苦努力获得的，她只是希望自己看起来精神，所以她会去学习如何穿搭，她只是希望自己在见客户的时候，不会出现身份上的不对等，所以她攒钱三个月，买了一个包，更多的时候，她不选择去走捷径，而是通过自己的双手去获得，业余时间给人拍照，写稿或者去当平模，只是为了让自己的内心更丰富一点，而不是一周五天的工作狂。

她也有人追，可是她没有把对方作为自己成功的跳板，而是选择自己适合并心仪的对象。她的目标很简单：认真地对待工作和生活，希望每一份获得都是自己努力而得来，追求生活品质并没有错，光明正大地赚钱花钱，却成了别人眼中，莫名其妙的虚荣和欲擒故纵的戏码，让她听到这些说辞的时候，不禁为这些无聊的同事们感到悲哀，自己内心却也感到孤独。

她说，直到遇到了我，仿佛看到了年轻时候的自己，那么拼命想要证明自己，埋头苦干，内心茫然。其实，只有自己知道，我们不选择走捷径，只是因为，不想要被人说三道四，只是想要说，自己的努力，不是为了钓金龟婿或者一步登天，更多只是想要让自己活得充实而有意义。

花了三年时间，当上主管，这只是职业生涯初期，她给自己定的目标，很多新来的员工背地里也常常议论，小A是总监最得力的助手，因为她长得漂亮，是不是也更多得到倚重。起初，我也有这种想法，因为她给人柔弱的感觉，颜值高，又得到高层器重，却不知她背后是花了别人几倍的努力，在深夜里写文件，一个人出差拓展市场，一个人与供应商周旋，将公司一次次从险境里面拉出。她也从不解释，她说，解释是无能的人做的事情，我用事实证明过的东西，用不着解释。

她的确用身体力行的业绩，让大家刮目相看。年底表彰大会，她以领先第二名200多万的业绩，获得年度最佳。我在人群里，为她高兴，领奖台上，她熠熠生辉，那句：解释是无能的人做的事情，我用事实证明过的东西，用不着解释。在此刻得到完美的解答。

　　很多时候，我们会把自己的放入一个弱势的地位，觉得女生可以利用自己的优势获得捷径，然而，人生最奇妙的地方就在于，她的公平与无私。如果我们在前一段路途中就预支了幸福，后面一段，必定痛苦，如果我们在最开始就心怀感恩，冒雨前行，最终后半段的路途也会变得通达又平稳。姑娘们，若一心只想着走捷径，那就真的满心以为，别人也是靠着捷径去成功，自己一心想着虚荣，那也必定认为，她人的目的，也不仅仅是为了证明自己，而是目的不纯，心怀叵测。

　　每个人的内心都是一面镜子，折射着自己的灵魂。有那么一群姑娘，每天工作忙碌，生活充实，去健身，去野营，去学画，去读书，并不是为了找一个更高水准的老公或者嫁入可以让自己少奋斗十年的家族，而是让自己在这个过程中有所收获，让自己越来越有涵养，在未来的日子里，面对那些似是而非的指责，能够一笑而过，这种气质，不是每天揣测被人心怀不轨的心胸可以比拟的，这种风度，也不是每天盯着肥皂剧和小鲜肉可以获得的，只有自己沉淀并努力，才能获得别人眼中那毫不费力的精致生活，也才能让自己每一天都从容而淡定。

　　她常常跟朋友说，我的目标很简单啊，我就想着，到我老了的时候，成为一个幽默、善良、有点小见识、充满生活热情的小老太太，关于那些是否可以让我物质丰腴的东西，并不重要，重要的是心，是不是还有一角是纯净而美好的。

　　她就是那个姑娘，她的努力，与虚荣无关。

美好人生，从一个人开始

[从一个人开始]

　　不管是主动选择，还是被动接受，每个人的人生中，可能都会或长或短地有过一段"一个人住"的时光。也许是单身日久，一直独自生活；也许是中年离婚，从同居恢复为单身；也许是后来丧偶，不得不形影相吊；也可能儿女都长大后，夫妻双方想要解脱束缚，享受分开后独立的人生……谁也说不准哪天，"一个人住"就悄然成了自己社交状态上的词条。

　　且不说究竟是群居还是独处更幸福，至少，有能力独居且独居得不错，是生产力高度发展，进入工业社会才能完成的事。因为社会分工更加细致，一个人不再需要掌握非常多的技能，就可以独立生存。不愿整理房间，可以请专业家政；不会熨烫衣服，可以拿去给洗衣店；不会做饭，可以去外面吃……几乎一切个人需求，只要付出费用，就可以被社会解决。而到了现在的信息化社会，你甚至不用出门，只要下载了足够多的APP，就连切好的鲜果都会有人送上门来，甚至也会有专人上门为你按摩、美容。于是，独居的挑战不再是生存技能，而是处理"自己"这件事。

　　其实，和自己相处，是一件我们毕生都在处理的事儿。因为不论是群居还是独处，你一直都是和自己在一起。佛教《无量寿经》里有一句话："人在世间，爱欲之中，独生独死，独去独来。当行至趣，苦乐之地，身自当之，无有代者。"与任何人和事交接时，体会痛苦和欢乐的，只能是我们自身，无人可代，无人可受。只不过群居时，"自己"略微隐去，主要处理与他人的关系，而到了独居之时，自我凸显，便成了一件非常明确、必须处理的事。

虽然毕生都要面对这件事，但有很多人对此束手无策。许多人害怕独居，就像害怕毒蛇一样，所以白天令自己在工作中忙得不可开交，晚上一有空暇就呼朋唤友出去游玩，身心疲累之后，回家倒在床上黑甜一觉，不知所之。这种情况其实算不上是真正的独居，因为不曾为"自己"留下一丝空隙。

而若你愿意为自己留出空隙，愿意来面对一下这个你一生中最重要的人——自己，你就会发现，独居时光，是你一生中难得的自我认知、自我完善、提升幸福感的时光。

［一个人住也能幸福］

独居之时，众人退去，自我凸显，你便有机会历历看清自身。比如，当内心生起愤怒时，你便有机会观察愤怒的来处、壮大与衰落，追溯愤怒的根源——许多时候，愤怒是对自己无能的强势表达。那么，是什么让你生出了无力感，你又为何会对此生出无力感？而令你感觉无力的事，是否真的是属于你的事呢？……其他所有情绪产生时，你都可以有这样的观察，一路观察下去，你对自己的了解就会越来越深刻，慢慢地知道自己内心真正的需求是什么，过怎样的生活会真正觉得幸福，于是不必再去追求错误的东西。

我们痛苦的一大部分原因，来自我们对自身的不够了解、对外界的无谓屈从。当身心不能协调时，不仅会痛苦，甚至有可能生病。我们屈从外界，又正是因为对自身的不了解和不信任：自己内心喜悦的那条路，是否会偏离"正常"的大路，又是否蜿蜒曲折、蛇虫出没？独居，正可以帮助我们确认自我。那时，再走属于自己的路，就会从容坚定，无惧流言，也不会半途而废了。

独居之时，也是最好的自我完善之时。独自居住的人，因无需对群居时的许多关系负责（如给父母交代，陪恋人、孩子等），所以时间相对自由。这些时间，正可以拿来掌握一些自己感兴趣的技能。读一个在职课程、学一种乐器、读一些书、考一个驾照、交几位志同道合的朋友……因为少人打扰，所以更易比群居者取得成就。也或者，只是来一场"说走就走"的旅行（可行性比群居者高出很多倍），也足以愉悦身心，增广见闻。当独居时光结束，也许你会发现，"自己"的内涵又丰富了许多，对专业的理解、乐感的提升、思考能力的深化等等，都是独居为你带来的美好礼物。

理想中，经过一段时间的独居，我们有可能获得一些新的技能，同时对自己有了更深入的认识，再加上相对自由的时间，一个人幸福的可能性就大大增加了。这时候需要的，就是一种开放的、自然的心态。幸福从来不只有一个模样，"一个人住"时，就好好享受独居的每一分好处，并从独居的寂寞里汲取力量，但永不排斥再度与人建立亲密关系的可能性——也许，下一个要与你牵手同行的人就在街道拐角。能处理独居状况的人，也该有能力让一段新的亲密关系更舒展、更精彩呢。

女人，并不是水做的

与朋友小雅在咖啡厅喝下午茶。她问我，对于一个女人来说，生活的真相是什么？我缄默不语，转而反问她为什么有这样的疑惑。

小雅一边用勺子搅着卡布奇诺，一边缓缓地说，还记得我们少女时代的渴盼吗？我们听了那么多美好的童话，以为长大后的我们也会如童话故事中写的那样，遇见彼此相爱的白马王子，从此过上幸福且浪漫的生活。可是，我现在的生活却与童话故事离得那样远。

结婚时信誓旦旦说要疼爱我一辈子的男人，却在婚后时常为了鸡毛蒜皮的事情对我怒吼；因为培养孩子的教育理念不一样，婆婆对我冷言冷语；白天在公司顶着巨大的压力辛苦工作，回到家还要做饭、洗衣、哄孩子睡觉。

一个人生活的时候，除了基本的生活费，我把剩下的工资都用来买好的化妆品、喜欢的书籍、学习乐器……而现在，每当工资发下来，我要想着四位老人的开支、孩子的开支、家庭各种费用的开支，轮到自己时，已所剩无几。前几天我去商场准备给自己买一瓶香水，但是拿在手上看了下标价又放下了，那一刻我想的是，过几天孩子在辅导班的学费就得交了，还是把钱留着吧。

说心里话，即便如此，这些生活的压力我都不怕，我最恐惧的是老公因为一些小事而对我发脾气，我只是希望这个我深爱的男人能心疼我，可是他在工作与生活中积累下的怨气总会习惯性地发在我的身上。这样的日子，让我的心都凉了。

看着面前被生活摧残得面色枯黄的小雅，我无比心疼。在岁月的年轮中，我们渐渐成长，为人妻，为人母……在经历种种过后方知：生活终归不是童话，它饱含了太多的酸甜苦辣。

我永远都不会忘记在一次聚会中，一位离异不久的师长在酒后突然痛哭了出来。她说，"虽然我的事业很成功，但是我的婚姻失败了。作为妻子，作为三个孩子的母亲，我是失败的。"我听了这话心里很难过，也跟着一起掉眼泪。我能体会一个女人失去完满家庭的痛楚。后来我才知道，师长之所以离婚，是因为丈夫常年赌博欠了很多债，甚至输掉了他们的房子。她的劝阻反而成了丈夫与她争执殴打的理由。

为了孩子，她将这段早已有了裂痕的婚姻坚持了十几年，如今，她终于选择了放手。离婚之后，她毅然决然地带走了三个孩子，不管有再大的经济负担，她都决心要把孩子们抚养长大，让他们成为优秀的人。她明白，孩子跟着赌博成瘾的爸爸，一定会毁掉一生。她用一颗强大的心抵御了所有的伤害，坚强地扛起了这个家。

可是，破碎的婚姻，成了她这一生无法填补的痛。这让我想起了前几天在朋友圈看的一张漫画。一个娇弱的女人，背着三个人：丈夫、老人、孩子。转发的朋友还加了一句话，"都说女人是水做的，而我觉得女人是钢筋混凝土做的！"这张漫画并不夸张，它生动且真实地表达出了现代女性在生活的百般重压下努力向前的现状。

让"嫁鸡随鸡嫁狗随狗"的俗语见鬼去吧，女人并不是男人的附属品，结婚了也不是。女人理应有自己独立的人格，并且得到男人、亲人甚至是整个社会的尊重。乳腺癌是专属于女人的癌症，专家也曾表示，患乳腺癌的女性中有绝大多数都是婚姻不幸，在家中经常受到怒骂甚至是暴打。生活中长期积累下的痛苦、忧伤、煎熬都会在女人的体内变成魔鬼吞噬着原本就脆弱的生命。

这个世界如果不再有丈夫对妻子家暴，不再有总裁对女员工施压，不再有暴徒对单身女人欺辱，我们会少去很多很多伤害。女人的渴望其实很简单，不过是婆婆体恤媳妇的辛苦，孩子体会到妈妈的付出，最重要的是，男人懂得与她温柔相待，百般呵护的真心。

都说女人是水做的，上善若水，容纳百川。但是作为现代的女性，不仅需要性情里水一般的特质，骨子里还需要如钢筋混凝土一样的内核，这样才能让自己在生活中披荆斩棘去寻找内心最初渴望的光亮。

前阵子好友麦子来到了西安，与她聊天的时候谈及她做微商老总的心路历程，她说了一句话让我至今印记在心。麦子说，她的团队有两千人了，团队成员中全职妈妈占了大多数，并且在整个团队中，全职妈妈销售额是最好的。这些妈妈为了照顾孩子放弃了自己的工作，但是她们不想看着男人的脸色生活，她们把微商当作自己新的事业去做。她们愿意用自己的勤奋换来收入，用自己挣来的钱给孩子，给自己更底气十足的好生活。

此后我不再屏蔽朋友圈里的微商，而是怀着一份敬重之心。因为她们是靠着智慧与勤劳为自己赢得在家庭中的合理地位。女人只有在物质上不匮乏，精神上才不会被打败。

女人结婚之后，时间都给予了自己的家庭与工作。除去晚上睡觉的时间，其他时间要么在工作，要么在料理家务，照顾小孩，留给自己追梦的时间少之又少。家里的钢琴好久都没有弹了，书也好久没有看完一本了，同城的朋友也有几个月没有见面了……女人不怕生活的压力，怕只怕来自枕边人的背叛、伤害与打击。只要那个枕边人依然心疼自己，与自己一起将小家变得越来越好，她们就会心满意足。

女人都爱回忆那个少女时代的自己，哪怕那时候有着青涩的忧伤，也觉得世界是干净明亮的，因为那，至少是一个可以允许做梦的年龄。其实，没有女人想变成生活的"强势者"，如果不是现实的重压，她们都想做水一般的女子。钢筋混凝土一样的内核，只是女人为了保护自己强加上的盔甲罢了。

我是一只快乐的蜗牛

我是一只快乐的蜗牛，每日晨起，都能品尝到最美的露水，那是大地妈妈给我最好的礼物，我幸福而快乐……

有一天妈妈对我说：在远方有海，但是从来没有一个蜗牛见过！而看见海是每只蜗牛的梦！我问妈妈：但是为什么所有的蜗牛都没见过海，那么我了？会看见大海吗？

妈妈说，大海太远了，不会有蜗牛看见的！但是，我不相信，知道有海的存在，那么海就是我的梦！我决定了，出发吧！

决定上路很难，能在路上坚持下来更难！达到一个目标总比我想象的难好多！

我上路了，在路上，我看见了和我一样寻找海的同伴，他们艰难前行，他们中有的已经放弃。

路上我遇见了乌龟先生，他心疼地说：回去吧，孩子！你若再执着到不了就会丧命啊！此刻，我突然明白，阻止我向前的不仅仅有困苦磨难，还有那些"为你好"的善良人！而一句"为你好"也许比千难万险更难跨越！但是，我知道要学会选择，学会坚持，继续才是我的选择。如果因为一句话放弃了梦想，那么只是蜗牛的我还能做什么了？

走着走着，这路上只有我一个人了！孤独，也向我袭来，夜间也会一个人默默流泪。

于是，我开始纠结，那个遥不可及的目标，我还能坚持下去吗？

可是，这一切我都不害怕，苦难重重，千山万水，万般阻隔都击垮不了我寻梦的心，我愿意，一次又一次，跌倒再爬起，紧咬牙关前行！

我就是我，一切苦难都来吧，我只记住四个字"不忘初心"背起行囊，重新起航！哈！

　　直到有一天，我见到了一缕蓝光，那里星星闪耀，别人告诉我，那就是海……

　　成功就是坚持自己所坚持的，努力自己所努力的！不论遇到好事还是坏事，苦难还是诱惑，只要记住四个字"不忘初心"！

我相信奋斗的意义

圈子里很多朋友如今都会笑着说："鸡汤，还不就那样，今天激动了，冲动两三天，后面，该吃吃该喝喝，原来那样如今依旧那样。"

类似这种情况，很多人提起努力这个词的时候，总是以一种过来人的姿态，嗤之以鼻。

或许努力很久很久，也才只有百分之一的可能会获得自己想要的那个结果，但是，扪心自问，你真的努力了吗？

我指的努力，不是你嘴上喊着努力，却依旧熬夜追剧看漫画。其实，只有你自己清楚你到底有没有在努力。

身边一直有人每天都喊着要学ps，要学网页制作，要学视频剪辑……

一个月过去了，两个月过去了，貌似什么变化都没有，依旧睡着懒觉，玩着游戏，追着韩剧。

简单地说，我认为努力的第一要素，就是过得不舒服。

大概大部分人依旧记得自己高考时的状态吧，我高三的那一年，记忆特别清楚，在当时，我觉得那个时候特别辛苦，有时候自己背书背得会哭起来，是真真正正地哭出来。在深夜两三点，不断地重复记忆那些似乎枯燥的，没意思的历史事件，历史书上，有着各种各样的扩充知识点，蓝红黑三种颜色的记号笔把整本历史书填充的密密麻麻。

身边朋友考研，图书馆开门他就去了，图书馆关门他才回来，不带手机，不带电脑，带着的只有一本又一本厚厚的笔记本，陪着他的也只是那些极其枯燥无味，在生活中可能一辈子都用不到的理论。

顶着寒风去早读，自然没有躺在被窝里睡懒觉舒服；

看那些枯燥无味的理论，自然没有追韩剧，玩游戏舒服；

在图书馆待一天，自然不会比在宿舍玩手机，看小说舒服；

跟着网上视频学习自己从来没有接触过的ps，视频剪辑，一定没有刷刷微博，看看段子舒服；

你问问自己，是不是因为过得太舒服了，所以才喜欢一路安逸地走下去。

早上睡到八九点，去上两节课，然后吃饭，回来玩电脑，打打游戏，时间富裕，再找个妹子谈谈恋爱，逛街吃饭看电影。

不满足现状，内心隐隐不安，觉得自己什么都不会，也没什么特长，却又喜欢现在的安逸，不用操心什么，每天吃吃喝喝就过去了。

古人说，生于忧患死于安乐，当然是有道理的，生活太安逸，太轻松，一定是会消磨你的斗志的。

第二，大概是要找到自己喜欢的东西了

说句实话，无论如何，这漫长一生总是会过去的，但是我希望，趁着还有时间，精力的时候，去做那些喜欢的事情。

热爱这个东西，真的有意想不到的力量。因为喜欢本身就把所有不舒服的事情变得有意思了。

我本人最讨厌熬夜，但是最开始接触音频剪辑的时候，简直没日没夜地剪，一天可以只睡四五个小时，每天都熬夜到两三点，但是第二天依然精神奕奕。

身边朋友喜欢写东西，接触到网文的时候，泡到电脑上，一天能码字上万。

因为在做喜欢的事情，所以熬夜，早起都不算什么了。

在你努力做自己喜欢的事情中，就已经感到开心了，最后得到的成果，反倒是意外之喜了。

但是我想很多人，恐怕连自己喜欢的事情都没有找到吧？

没关系，没有喜欢的事情，就去找自己感兴趣的事情，不了解，没接触过都不要怕，正是因为不了解，所以才有趣啊。

在这未知的世界，努力去做那些喜欢的事情，不要闲下来，把所有的时间都用到自己喜欢的事情上，不要怕没结果，不要怕没成功，最怕你一生碌碌无为，还安慰自己平凡可贵。

认真，努力地做某件事情的时候，最后无论结果如何，但你一定真真正正喜欢那种充实感。

为了梦想，为了喜欢，拼命去做，那都是相当的可爱。

第三，大概你如果不想为自己努力，但是有想过身边的人吗？

并不是每个人生下来，就有数不清的人脉圈子，铺好了前进的路，其实我们都清楚，我们只是这个世界上，最普普通通的一个人，不是富二代，也不是官二代，每走一步都要用血和泪去换，有时候或许还没走，就开始倒退。

很多人走几步，就不想动了，因为觉得特别累，如果你只是一个人，你当然可以不努力，但是，我们不是一个人，我们还有身边的人。

去年春节放假，心里想着要给老妈带点东西，在街上逛着的时候，下狠心买了一件略贵的衣服，拿给老妈的时候，忘记把吊牌撕了。

整整被老妈念叨了三四天，总说要拿去退，太贵了。我一脸鄙视的样子，说不能退，让她穿着。

整个春节，那件衣服老妈就穿了一次，还是大姨小姨全家来我们家拜年的时候，她们都说衣服好看。老妈则是一脸喜气地说，是我买的，我的眼光好，说这话的时候，眉角止不住地上扬。

那时候，不知道为什么，我感觉挺心酸的。

放假结束，刚刚回公司，手机短信就提示汇款5000块到账，看见那条短信，我就知道是我妈把钱打给我了。

过了一会，我妈的短信就发过来了"在外面上班都挺不容易，别老给我乱花钱了，我在家挺好的，吃得好，喝的好。"

国庆回家，发现那件衣服挂进衣柜里，就像没穿过的一样。

当时莫名难过了很久，突然就想到小时候，家里挺穷的，爸妈都特别省，我印象里，老妈都没买过新衣服，大姨小姨有时候会拿些旧衣服过来，老妈高兴得和捡了宝一样。

这么多年，老妈依旧特别的省，但是对我，却特别舍得用钱，凡是我想要的小玩意，小零食，她总会尽可能给我最好的。

不努力奋斗，我又拿什么给她最好的呢？

无论最后结果怎样，我都始终相信努力奋斗的意义。

你努力了，你就不愧对自己的热血；

你努力了，你就不愧对你曾经经受的坚苦日子；

你努力了，你就不愧对身边的人。

就怕你加班熬夜一次，就嚷嚷着黑心老板，出头无望。

就怕你失败一次，就嚷嚷着自己是金子却无处发光。

就怕你应酬喝酒吐了几次，就嚷嚷着社会黑暗，没钱没权，就想放弃。

世界纷纷扰扰，你过得舒服吗？你真的在为自己喜欢的事情努力吗？

如果你被生活磨掉了棱角，你被现实打败了，希望你同样相信努力奋斗的意义，不要辜负自己，更不要辜负身边的人，岂能竟如人意，但求无愧于心。

相信淡定平和的力量

毕业一年半，工作了的同学没有换工作的极少，大多数已经换了好几份。而没换的那位同学，在前两天看到我裸辞时，就忍不住开始向我诉苦。

这一年半来，无止境的加班、冷漠的同事和领导，把她折磨得都快抑郁了。有一段时间，她因为压力太大耳鸣，感觉有股力量压在胸口，无法痛快地呼吸，甚至吃饭都感觉压得吃不下去。

她想要辞职，但是一方面家里不同意，另一方面自己也没考虑好接下来做什么，或者说没有好的下家，她还是选择继续忍受这份没有快乐可言的工作。之前那个乐观活泼的姑娘完全不见，取而代之的是这个痛苦压抑的"患者"，让人心疼。

另一个姑娘是全国20强大学毕业，第一份工作是在某银行做客服，她干得很开心，但是工资很低，完全养活不了自己，父母也一直想要她离家近些。最终，她无奈地回家考试进入了事业单位，一个很不错的单位。

但是，昨天吃饭时，这位姑娘却因为工作和父母吵了起来，当时我也在场。她说，这份工作太压抑，干着不开心，原因很简单：首先，她觉得自己没有晋升机会；其次，在单位一天都不敢大声说话，长时间处于压抑的状态，感觉自己再这么下去可能要爆发；还有，因为刚去公司，不知道分内分外，做得多，犯错也多，上司总是来挑刺，郁闷便可想而知。

我建议第一个姑娘辞职，因为我害怕她继续下去整个人真的抑郁了。一年半的工作，将一个原本快乐的小姑娘变成了闷闷不乐的抑郁症患者，这样的工作坚决不能做！不需要太担心找不到更好的，你忘了任何事情在做出选择的时候都有两种可能，为什么接下来就一定会很差呢？令你不开心的，正是一种软暴力，它的威力远远高于皮肉之痛。生命那么长，你要继续走下去，就要选择一条自己喜欢的路，前怕狼后怕虎的人生注定不会有太大的惊喜。

而第二个姑娘，可能更多的是自己的问题，单位气氛虽差，但是也不至此。才工作了半年，怎么就好乱下结论说自己没有晋升机会呢？关于工作多，相信大多数新人都受过这样的"委屈"，我刚参加工作时，不也是端茶倒水、打印复印，干一些完全不用带着脑袋的活？

人生总有那么一段时光，你要忍受一些不能接受的事，去做你不喜欢的事，而结果往往却有意外的惊喜。太急功近利，可能在哪儿都不会有好收获，立竿见影的结果是要你的杆上升到一定高度才能出现的，而你现在还在水平面就想要见到影子，着急了些。

你不用担心上司看不到你的业绩，哪怕是端茶倒水，时间久了总会注意到你。任何的事情，都有一个过程，这个过程你不必心急，只做好眼下的事，你的能力会在不知不觉中突显。相信我，是金子总会发光，你还没发光，是因为你的纯度不够；怀才不会不遇，而是你怀才太少，时间太短。

一辈子很长，我们还不是要一直走下去？人生总要经历好的坏的，经历开心与痛苦，总会有那么一段时间过得痛苦隐忍，也总有那些时光让你快乐得忘乎所以。所以，不管怎么样，我们还是要走下去，学着去理解、去包容那些痛苦，学着自我调节，学着理解身边的人，偶尔也能站在对方的角度上看问题。

杨降先生说，"我们曾如此渴望命运的波澜，到最后才发现，人生最曼妙的风景，竟是内心的淡定与从容……我们曾如此期盼外界的认可，到最后才知道，世界是自己的，与他人毫无关系。"这句话送给开心与不开心的我们，学会去平和地跟周围的人相处，也学会真正地爱自己。

在应该磨刀的时候不要着急去砍柴，这会伤了刀、伤了手；在应该努力的道路上，就不要急着看到结果。时间还漫长，你要用心，理智地去寻找一条适合自己的路，可能开始这条路会充满艰辛，但最美的花总是开在最恶劣的环境中。

请相信，淡定平和的内心与奋斗不息的精神，一定会让你灿烂绽放！

我只是想做一个随心所欲的女孩子

[1]

前几天和一位老教授聊天，讲到她的个人经历。

她年轻时，走过一段很长的弯路。

当初本科毕业时，她不知道是该继续读书，还是该走向工作岗位。她更想念书，当时西安美院的报考材料已经寄到她的手中，只要填报好，就能顺利读研了。可身边的朋友都对她说："你是女孩子，你不用读研，赶紧工作找个人嫁了，弄好家里就好了。"

她不知道该不该入党，有点大男子主义的副班长告诉她："不用。你是女孩子，不用入党。"

几乎所有人都对她灌输着这样雷同的观点。于是，她傻傻地拱手放弃了西安美院。

后来的坎坷，不足为外人道，她愈发强烈地觉得，别人说的"女孩子该做的"，不是她真正的人生追求。

她花了很大的力气，费了很多的时间，迟了很多年后，才辗转考上了另一所学校的研究生，这才走回当初那条心之所向的路。

[2]

老教授的故事，让我想起了我的母亲。

今年过年回家的时候，某天上午，妈妈收拾着抽屉里的旧物。

她突然感慨了一句："唉，当年的高考成绩单还在。"

· 032 ·

我心里难过了一下。

我知道，对她来说，没能念大学是她一直以来的心结。我们搬了几次家，陆陆续续扔尽了陈年旧物，唯独她的高考成绩单，母亲每每拿出来感慨，却舍不得扔。

当年，她数学成绩逼近满分，总分也算是全校数一数二，外公本来已经给她买好了上大学去的火车票，衡量再三，还是退掉了。

因为她是女孩子。

在他们那一代人眼里，女孩子，读再多的书也没用。

［3］

比起上一辈人来，我们这一辈的境遇已经好了很多。女人不能上桌吃饭的时代已经翻篇，"男女平等"的说法，起码已经以一句口号的形式，流传了开来。

即使如此，我们还是时常遭遇隐形的不平等。

我隐去事件细节，讲我的一个朋友小A的故事。

小A做一个项目，拿到了全国一等奖。可是上级把以"特殊人才"身份晋升的机会给了项目组唯一的男生。

让小A心寒的是，她运营这个项目两年多，完全是出于热忱。她后来才得知，那个男生临时被上级说动加入，当时上面给他的许诺就是，拿到奖就能以"特殊人才"身份升职。

一些学校里，学生会主席只能是男生；我以前所在的学院，上面的机关来招人，常常点明只要男生；工科女生就业遭冷遇，文科男生就业受热捧；有的"阴盛阳衰"的行业，女性员工远远多于男性，可越往高层走，男性比例就越高。

这还是一个由男性主导的社会，女性的话语权，仍然很弱。

［4］

我一个异性朋友问我："你是不是女权主义者？"

我讶异："你指的女权主义，是指什么？"

他说，他也未曾详尽了解过它的概念，只是直觉上觉得我算是女权主义。

用朋友的话说，我太"拼"了。

我从来不觉得女生就该不如男生优秀，我不指望将来嫁个好老公从此衣食无忧。我希望我所得的生活，都是靠自己的能力争取来的。

我另一个朋友对我说："我很欣赏你这样的女生，但我会娶那种没什么野心的小姑娘，宜室宜家。"

我在心里"哦"了一声。

我们的文化传统，总是不允许女性身上出现强烈的欲望，甚至不允许她们怀有内在的激情，卫道者们不断地循循善诱，试图用性别框定住一个女孩的人生。

说实话，我也不懂什么"女权主义"。我只是认为无论男女，人人平等，我应该是个人权主义者才对。

[5]

我的朋友M姑娘有个亲弟弟，M特别优秀，能力出众，而相比之下，弟弟则逊色了一些。

M的奶奶很遗憾这件事，用闽南语说了句俚语——菜刀不锋利，锅铲倒挺锋利。意思大约是，该锋利的不锋利，不该锋利的却锋利了。

M不服气：为什么男孩子被比作锋利的刀，女孩子就该被比作不该"锋利"的铲子呢？

爸妈一再跟M强调，家里的房子一定是弟弟的。M觉得又好气又好笑，她从来没想过要跟弟弟争什么啊。

M姑娘通过读书走出山村，算是同辈女生最有"出息"的了。她的母亲却深深为之担忧："读书读多了，一定嫁不出去。"

她的妈妈语重心长地教导她："命运都是平衡的。你是女孩子，要是事业上打拼得很好，家庭就注定不幸。"

说出这番话的M妈妈，因为性别而早早辍学。小学升初中，开学的那一天，下了一场很大的雨，本来要送她到城里上学的父亲对她说："要不然就不上学了吧。"

如果是个男孩子，恐怕冒着再大的雨，或者是第二天，父母也会把他送去学校的吧。

为什么被命运毁了的人，反而更相信命运？

之前这样一个说法，A男配B女，B男配C女，C男配D女，于是A女就"剩"下了。

M有一次把这个说法讲给爸妈听，她母亲立刻表态，希望她成为B女，而不是A女。

M问："难道你不希望你女儿成为最好的吗？"

妈妈依旧语重心长："女人最重要的是结婚、嫁人。"

她的爸爸先说了A，想了想又说，还是B吧。

M伤心了一晚上。

在很多人眼里，哪怕一个女性再优秀，只要"嫁不出去"，那她这一生就是"失败"的。

[6]

前几天，一个朋友向我倾诉烦恼。

她很有才华，从海外名校留学归国，却在婚后选择了放弃学术，回归家庭。

她"嫁得好"，衣食无忧。生完第二个孩子后，她便辞了职，在家专职带孩子。渐渐地，她发现自己原本丰富的世界渐渐萎缩了，她和工作繁忙的老公共同话题越来越少。老公回到家，她只能用贫乏的言语向丈夫描述贫乏的生活，琐琐碎碎，絮絮叨叨，老公对她越来越不耐烦。

她变得很恐慌，生活苦闷，不知不觉间，她的世界缩小到了只剩下丈夫、孩子和家长里短。

她很想恢复以前的状态，可是现在她有两个宝宝要照顾，已经不得不囿于这小小的家庭。

中国台湾作家朱天心的小说《袋鼠族物语》里，这样描述生过孩子后从此以孩子为生活重心的妈妈们——

她们连计价的货币单位都和我们不一样，她们常以一瓶养乐多、一桶乐高玩具、一打婴儿配方奶粉，来代表我们使用我们所使用的两块钱、一百块钱和她先生十分之一的薪水。

她们在语言沟通上逐渐丧失能力。因为，三四年来，大多时候一天二十四小时，她的会话内容都是"宝宝哪，要不要吃奶奶？""谢小毛，你怎么又便便在尿布里了"。她的词汇早已退化到"汪汪""果果"，常常一星期里她说过的大人话，仅仅是跟收水费地说："水管是不是有漏，怎么可能那么多钱？"

但愿这不是每一个女孩子的最终命运。

我并非想标榜事业成功的女性，也并非想贬低在家做全职太太的女性。我只是希望，有一天，那些成为家庭主妇的女性，都是出于完全的自愿，而非受到他人或形势的胁迫。并且，倘若有一天，她们想重回职场，争取家庭和事业的双赢时，也可以不受任何束缚。

[7]

"女孩子学历太高了嫁不出去"，"女孩子不要有野心"，"女孩子的人生意义就在于经营一个幸福的家庭"……这些鬼话，我统统不信。别人的评价，我只当是个热心的建议。我的人生，还是要按照我的意愿来活。

我是女孩子，那又怎么样呢？

作为一个女孩子，我和男生一样，希望能痛快地花自己努力赚来的钱；希望自己的能力和才华被别人认可、受别人尊重；希望自己想要的未来，能靠自己的努力来创造；希望嫁人是因为爱情，而不是把自己的命运寄托在另一半的运气上。

我不希望任何人以性别为由，扼杀我人生的可能性。

无论性别如何，我都要做自己想做的事，成为自己想成为的人。我不要活成"女孩子该有"的样子，我只想活出我自己喜欢的样子。

不要因为错过
太阳而哭泣

如果因为错过了太阳而哭泣，
那么就有可能错过月亮和星星。
生活的道理，
说简单就是那么简单。

做一个"有趣"的人

时下大多中国人评价一个人成功的标准，大体不外乎是通过一些很刚性的指标，比如身份、地位、职业、收入，房子、车子，孩子的教育、本人的游历等等，似乎一旦拥有这些也就可以称之为成功了。但是在国外评价一个人是用"有趣"来界定的，如果被人说"没趣"，那将是很失败的。为此有人说，人生最大的敌人是——无趣。

什么是"有趣"呢？"有趣"二字的关键是"趣"字，"趣味""情趣""兴趣"。"鬼才"贾平凹说："人可以无知，但不可以无趣。"想必土得掉渣的大作家，也是个有趣之人。

做人若无趣，这很煞风景。人一旦"没有趣"了，就会变得粗糙、麻木、肤浅，变得不再可爱了。整天愁眉苦脸、忧心忡忡、唉声叹气、面目可憎，好像这个世界谁都欠着你似的。这样的人活着，只会给别人添堵。而一个有趣的人则不然，由于他(她)的存在，而使周围的人群变得热闹起来，他(她)的"气场"催化着人生的精义，叫人奋发，让人快乐。有趣的人，是生活中的"开心果"，是人群中的"快乐源"，与有趣的人相处，你会觉得世界变得有趣，生活变得有趣，自己似乎也变得有趣起来。

有趣的人，是热爱生活的人。生活中的吃穿住行哪样没有深奥广博的学问，光吃一样，他就能嚼巴出不少趣味来，吃得好看，吃得稀罕，吃得兴趣盎然，吃得阳光灿烂，都是可以追求的境界。《别闹了，费曼先生》里有这样一位科学家，他对所有关于动脑筋的事情都充满兴趣，魔术、开锁、解密码、猜谜、心算、赌钱……对兴趣的不断追逐，让这位怪才的生活成了无数人的梦想。

总觉得古人比我们现在活得有趣。今天我们读《论语》，也许会觉得孔老夫子是一个无趣的人，可是，你若知道他和他的学生讲话是那样的幽默，见到美人南子时竟俯下身子去吻伊的鞋，就会明白所谓"圣人"者，竟是一个性情中人，一个有趣的人。

有趣的人，心无羁绊，直抒胸臆，至性至情。国学大师文怀沙老先生，快一百岁的人了，偏偏喜欢穿大红大绿的衣服，戴着能盖半张脸的大墨镜，比小伙子还时髦；每次出席活动，必要主持人介绍他为"青年诗人"，一发言就引经据典、插科打诨，逗得满堂喝彩。

有趣的人，或许境遇并不好，但特立独行，不改本色。金圣叹一生诙谐，因"哭庙案"而被判死刑后，仍一如既往。眼看行刑时刻将到，金圣叹的两个儿子梨儿、莲子望着即将永诀的慈父，泪如泉涌。金圣叹却从容不迫，泰然自若地说："哭有何用，来，我出个对联你们来对。"于是吟出了上联"莲子心中苦"。儿子哭跪在地哪有心思对对联。他稍加思索说："起来吧，别哭了，我替你们对下联。"接着念出了下联"梨儿腹内酸"。这副生死诀别对，一语双关，对仗严谨，撼人心魄。

有趣的人，不见得能成就大事业，但让人看着就高兴。《射雕英雄传》里老顽童周伯通，是最让人喜欢的一个角色，他虽然武功盖世，却是儿童心态，整天疯疯癫癫的，爱搞恶作剧，玩心太重，围绕着他发生了许多喜剧，使得打打杀杀腥风血雨的江湖，多了不少浪漫欢快的生活气息。

需要提醒的是：有趣是这个世界上的稀缺资源，有趣与读书多少无关，与挣钱多少无关。有趣和身份、地位，性别、年龄，环境、条件无关。有趣之人是很容易被曲解的，有人误认为打架泡妞、吃喝嫖赌、粗言滥语、举止猥琐就是有趣，那就大错特错了。

有趣是人性的最高境界。做个有趣的人并不难，首要之事便是自己要先觉得这个世界有趣。

有趣的人才是懂得生命真谛的人，也是懂得享受生命的人。有趣的人越多，我们的幸福指数就越高，但愿我们都能变得有趣起来。

一定要学会做一个"有趣"的人，否则才叫失败，或者叫白活了。

重要的是喜欢

8岁那年，他喜欢上打羽毛球，可穷困的家庭只能给他提供一副旧得不能再旧的球拍和一只几乎掉光了羽毛的"无毛球"。随着他技术水平的提高，作为羽毛球爱好者的父亲已不能给他提供更多的指导，可又请不起教练，他只好一个人摸索。

14岁那年，他参加了一个比赛，因为表现优秀，伊拉克奥委会向他抛出了橄榄枝——只要他愿意代表伊拉克打球，伊拉克愿为他提供比赛所需的费用。为了心中的梦想，这个伊朗人同意了。

24岁那年，辗转坐了十几个小时的飞机，对场地尚未熟悉，他就出现在广州亚运会的赛场上。他面前的对手是中国香港第一单打胡赟，世界排名第17位。这本该是一场悬念不大的比赛，第一局却打了13分钟，屏幕上显示的比分是18：17，距离局点只差三分。他挥舞球拍，发了一个后场球。胡赟不敢大意——从开局到现在，双方的比分一直交替上升，差距始终没拉开。这不仅让前来观看男子羽毛球单打16强淘汰赛的中国观众感到惊讶，也让曾在中国国家队训练过的胡赟有些意外。这不奇怪，因为确实没有人认识他。即使在比赛当天，出现在赛场上的他，没有教练指导，也没有任何人陪同，局间休息他只能一个人喝水，比赛时打出的精彩回球也没有队友喝彩加油——因为他只是一个人。给他加油的只有零星的几个观众，因为旁边场地进行的，是陶菲克的比赛。

很快，在适应了他的球路后，胡赟稳住了局面，最后以21比18拿下了第一局。第二局，胡赟没有再给他任何机会，只用了10分钟左右，就以21比9获胜。

他叫亚拉·阿扎德·阿卜杜勒·哈米德，名字有些长，甚至有些拗口，他代表伊拉克，也是伊拉克唯一的羽毛球运动员，在场上的时间仅有26分钟。

输了比赛，哈米德并没有感到多懊恼，他说："任何人都有梦想，即便那个梦想看起来不可能会实现，但如果你不努力，那梦想永远都只能是梦想。"

当金牌带给我们兴奋的同时，哈米德带给我们的是纯粹的感动和敬佩。其实，人生旅途中，人人都是哈米德，背负着希望和梦想，艰难踯躅地独自前行，只为了心中的那份坚守。很多时候，没有人可以代替你去做你该做的事。就像哈米德一样，重复着每天训练10小时，每周训练5天的坚持。

为梦想而努力的人应该得到最热烈的掌声、最鲜艳的花朵和最绚丽的舞台。我喜欢哈米德的一句话："是不是一个人不重要，重要的是我在做喜欢的事。"

不要因为错过太阳而哭泣

浙北山区有位年轻教师，经常买几注自选号的体育彩票。由于进城不便，经常委托住在城里的岳父去买。一天，他看报发现了中奖号码，特等奖竟然是自己经常买的那个号码。他欣喜若狂，打电话给岳父，说自己自选的那注号码中特等奖了。岳父听罢，既震惊又懊丧，原来他因为工作忙，忘记替女婿去买那期彩票了。

500万元大奖就这样错过了。

接下去，事情成了悲剧。年轻教师左思右想，心有不甘，竟陷入了偏执状态，他认为岳父买了彩票，肯定瞒着自己独吞了。后经求证，中奖者确实是另外一个城市的。他又把所有的愤懑倾泻到了岳父身上，与老人不断交恶，调解几次，不见缓和。几个月后，他的婚姻也分崩离析了。

这位年轻教师令人同情，因为他错过了500万元大奖，接着错过了亲情，又错过了婚姻和家庭，接下来抑或还要错过一生的好心情。这样的代价真的太沉重了。

人生何处没有"错过"？但如果错过了一切，就不要再错过生活。

前几天读到苏东坡的一首诗："自笑平生为口忙，老来事业转荒唐。长江绕郭知鱼美，好竹连山觉笋香。"苏东坡的这首诗写于"乌台诗案"后，当时他被贬谪到黄州。一个士子被贬，自然苦闷不已，但苏东坡却没有错过生活中的那些意趣，江里的鱼，山上的笋，也让他觉得生活有滋有味。被贬谪远地，不知何时返乡，这么大的一个打击，他也不惶惶终日，而是抛开烦恼，保持着一身娴雅风格，这是一种超然的生活境界，实在令人佩服。

总会想起一位朋友，他曾爱慕过一位美丽的女孩。有一年中秋，女孩的单位举办联欢晚会，邀请朋友参加。但不巧的是，朋友正巧出差在外，需要一个多月才能回来。于是，他便委托室友前往。

室友见到那个女孩子后，被她的美丽和温婉所打动，再也不顾及她是朋友的暗恋对象，展开了热烈的追求。当朋友从外地回来时，知道他的室友经常去找女孩。本来他仍然有机会向女孩表白，但他做了一个错误的决定，以为女孩喜欢的不是他，而是他的室友。他主动放弃了。后来，他的室友就娶了那位女孩。

朋友也找到了真爱，是位女工，她贤惠又会持家。这一切也就这样过去了。20世纪90年代，朋友夫妻双双下岗，他便应聘到一家星级酒店当电气维修工。上班第一天，就发现一个美丽的女子一直朝他看，继而径直走过来，问："你是不是叫……"朋友一看，正是多年前自己暗恋过的那个女孩。虽然过去了十多年，但她似乎没有什么变化，仍然年轻漂亮。她已不是当年那个公司里的文员了，而是这家酒店的董事长。这家酒店是她的家族投资兴建的。她的丈夫，也就是朋友的室友，也得到她家族的帮助，管理着一家公司。

生活不可能从头再来，错过也就错过了。一个男人如果遇上这样的事，定然会嗟叹命运的无情安排。但朋友说："我错过了她，但不能再错过自己的生活。"不久，他从酒店辞职了，他说不想因为这件事影响自己的平静生活。

如果因为错过了太阳而哭泣，那么就有可能错过月亮和星星。生活的道理，说简单就是那么简单。

请对生活微笑

微笑是世界上最美丽的表情，是世界上最动听的语言。古希腊哲学家苏格拉底说过："在这个世界上，除了阳光、空气、水和笑容，我们还需要什么？"

微笑于我们，就像是阳光、空气和水一样重要。给成功者一个微笑，那是赞赏；给失败者一个微笑，那是鼓励；给快乐者一个微笑，那是分享；给悲伤者一个微笑，那是安慰。

微笑是黑夜里的星星，微笑是迷雾里的阳光，微笑是寒冬里的炭火，微笑是夏日里的冰凉。一个微笑，传递着快乐、真诚、信任、鼓励、欣赏、关怀或安慰；一个微笑，缩短了心与心的距离；一个微笑，让爱在空气中流淌。

我的一位朋友住院。去看她，本以为她会愁容满面，没想到她却一脸的笑容。她是小学的语文老师，她从枕下拿出手机，说："我班的学生听说我病了，想来看我，我没让他们来，都是小孩子啊。"她又笑了，接着说："他们说要送我一个礼物。结果他们找了好多的笑话，让父母用手机发给我！"

有位哲人说过：生活是一串烦恼的念珠，乐观的人是笑着数完的。

确实，微笑是世界通用的最美丽的无声语言，微笑也是一个人最好的名片。我们需要通过慢慢地适应、习惯，来养成这种不带有任何功利目的的"公益行为"。每天，阳光都照耀着我们，不觉得有什么特别，那是因为我们习惯了。微笑，是心灵的阳光，愿它每天也照临每一个人。

成功的时候，微笑，是一种喜悦；失败的时候，微笑，是一种自信；压抑的时候，微笑，是一种豁达；尴尬的时候，微笑，是一种释然；失落的时候，微笑，是一种希望；痛苦的时候，微笑，是一种坚强。

两个嘴角翘起来，眼睛眯起来。对，就是这个样子。让微笑成为习惯！

清晨醒来的第一件事，就是从心底给自己绽放一个微笑，给自己道声早安，告诉自己，新的一天开始了，新的阳光，新的空气，新的雨露，新的花草树木，一切是多么的美好。上班时见到同事，别忘了展露一个最真诚的微笑。微笑感染了别人，也快乐了自己。在微笑的环境中工作，那是一种愉悦的幸福；在微笑的心态下工作有着不同寻常的效率。晚上睡觉前，也要给自己一个最舒心的微笑，在微笑中洗涤忧伤，积聚甜蜜，给自己道声晚安，在微笑中进入甜美的梦乡。

生活是一面镜子，你对它笑，它也对你笑。那么，时刻微笑吧！

粗枝大叶，畅意生活

粗枝大叶的生活要轻松得多。因为不是那么精确，很快便能做出选择与决定。

粗枝大叶的生活，可能会出点差错，吃点亏，走点冤枉路。可是不要紧，很快就忘记了。

粗枝大叶嘻嘻哈哈的人是快乐的。

日子是经不起算的。掰着手指过日子，总感觉紧张，金钱紧张，时间也紧张。

精打细算过日子，吃的要好一点，不过算来算去，伤脑细胞。而粗枝大叶的人此时早已打呼噜了。

粗枝大叶的人，不会苛求最好的，差不多就行了，因而更加随和包容。他看见喜欢的，就立即买下来，不用满城跑，在浏览过所有的商品后，再比来比去。

粗枝大叶的人做事情简单，干脆，三下五除二，这么那么就搞定了，而精确的人呢，要周密计算，颇费时间。

粗枝大叶的人少遗憾，因为不太计较，稀里马哈，伤口更加容易愈合。不像那个精确的人，要耿耿于怀好久。

粗枝大叶的人，放得下，因为放得下，所以睡得着，吃的香。他们脸上的皱纹少，他们头上白发也迟。

粗枝大叶，没心没肺。没往心里去，又怎么会心事重重呢？

粗枝大叶的人容易忘事，也容易忘记烦恼。粗枝大叶的人考虑不周全，说错了话，比较的尴尬，他们傻笑几声，这事就过去了。

人与人的关系盘根错节，最是复杂。世上最难的学问就是人际，有的人一辈子也琢磨不透。粗枝大叶的人就更不用说了。他们是粗枝大叶的，久而久之，大家都知道，就不会跟他往深里追究。粗枝大叶的人正好落得个省事，做错了事更容易被原谅。

你别太在乎，他不是有意的。被粗枝大叶的人伤了心，旁边的人就会这样安慰。

粗枝大叶的人透明，干爽，不黏糊。没有弯弯绕，比较好相处，他们的人缘自是不错。

粗枝大叶惯了，小差小错不断。没关系，只要大是大非明白就好，难得糊涂嘛。留一半清醒，留一半醉。

其实生活本来就不是完美的，粗枝大叶的人远远地粗略地望一眼，好美。可真要是拿了放大镜凑近瞧，生活也还是有许多不如意的。

粗枝大叶，畅意生活。事事精确如履薄冰。只是，要一个粗枝大叶的人精细，不容易；要一个精打细算的人粗心，也很难。

当下即是幸福

在微博上看到一则故事，说的是一位女高管。大学毕业后，她在一家民企谋得一份职业。她努力、认真，几年后被提拔为部门主管。家人、朋友都劝她找个男人结婚，但她总以工作重要为由拒绝了。几年后，她的职位又有了提升，薪酬也多了一些，终于有了嫁人的念想。她结婚后很快怀了孩子，但为了获得更高的学位，赚更多的钱，她决定把孩子打掉。没想到之后再也怀不上孩子。后来，她成为公司的高层，有了令人羡慕的收入，但她再也无法拥有自己的孩子，无法享受为人母的幸福。

有一次，她和下属出去谈事，问下属："圣诞节快到了，准备给爱人送点什么？"下属回答："现在还背着房贷，日子过得紧巴，礼物就不买了，相信他也能理解。"

她对下属说："我曾经与你一样，喜欢担忧未来。总因为未来而把当下生活过得潦草而廉价。"下属听后若有所思。

前些天，朋友给我讲了一个年轻男人的故事。他与女友谈了三年恋爱，再过一个月就要结婚时，突然消失了，留下一张字条：对不起，等我足够好时再回来娶你。两年后，他穿着西装，开着限量版跑车回来了，却发现她已经嫁给了一位普通工人，并且已经有了孩子。他问："你宁可嫁给一个普通工人，也不愿意等我吗？"女人笑着说："我们不需要什么，有爱就够了。"他已经达到理想中的条件，却再也无法牵着她的手。他突然明白，自己因为一厢情愿而失去了她，生活因此大打折扣。

我有一位大学同学，长得十分漂亮。毕业后不久，她就嫁给了一名村干部，第二年就有了孩子。他们俩每月的工资加起来不到五千，日子并不宽裕，但生活过得有滋有味。

有一次，她给我打电话，让我去她家吃饭。我欣然前往，以为她遇到什么好事，却不知是为了庆祝她老公工作受到领导表扬。她买了菜，做了满满一桌，还开了酒。那晚，我吃得很高兴，也目睹了他们温馨的生活。

她把房间布置得干净整洁，窗台上养着吊兰和仙人球。她把他的衣服熨得妥妥帖帖，给他做可口的饭菜。他给她买好看的衣服，在饭后带她去郊外散步。他们每月存一笔旅游经费，以保证每年一次旅游，在郊区租了地，自己种玉米和蔬菜。他们有美好的愿望，但不是以当下生活的缩水为代价。

我的身边有许多人，为了房子、车子，活成了一部忙碌而操劳的机器。念及此，我不由得对那位大学同学肃然起敬。

事实上，当你为将来的生活而省略了生活中应有的享受时，生活就已经打了折扣，而忽略了家庭、爱情，更是将生活打了对折。

生活经不起打折，它是一棵树，既要有粗壮的树干，也要有丰满的枝叶。如果只有主干，没有枝叶，生活又何尝饱满？

等待花儿的开放

初秋，到朋友家玩。朋友家的阳台上放了许多花花草草，一大盆长势茂盛的紫罗兰，吸引了我的目光。朋友见我喜欢，就掐了几枝给我，说，如果是春天，把它插在花盆里，就能成活的。只是现在已是秋天，正是万木萧条的时候，就说不准了，拿回家试一下吧。

我抱着一丝希望，把它们带回了家，插在花盆里，整日悉心照顾。十天过去了，半月过去了，紫罗兰依旧是当初的模样，没有丝毫的改变。

又一个月过去了，没见紫罗兰发新芽，倒是有一天，浇水的时候，我无意中碰到了它，有一枝紫罗兰从花盆中落下，我捡起来细看，它居然连一些细小的根也没有生出，心里很是懊恼，心想，这紫罗兰恐怕是活不了了。果然，随着渐渐进入深秋，几枝单薄的紫罗兰，越发萧条起来，一些叶子开始干枯，呈现出垂危的状态。

一日清晨，我去倒垃圾，在垃圾池里，发现了几枝奄奄一息的紫罗兰，想必是一样喜欢紫罗兰的人，看它终是没有希望活的，就丢弃了。看着几枝原本娇嫩的花儿，却与一些垃圾为伍，我叹息不已，想起我那几枝即将面临同样命运的紫罗兰，心里很不是滋味。

花盆里的紫罗兰，低着头，憔悴着，像一个患病的婴孩。放弃吧，却心有不忍。还是再等等吧，如果有一天，它真的死了，再丢弃不迟。于是拿来一把剪刀，小心翼翼地剪去干枯的叶子，只剩下一片淡雅的紫，让它看起来不似那么憔悴，然后浇水，施肥，一如既往。

谁知道，半月过后，它居然一天比一天精神起来。不仅发了新的枝丫，还开了几朵小花！娇小的紫罗兰，有着三个紫色的花瓣，黄的蕊，从花瓣里探出头来，透出一种无法形容的美。惊喜之余，我不禁想起垃圾桶里那几枝被别人丢弃的紫罗兰，为之惋惜：如果，如果那个人能多等几天，就能静候花开了。

等待，是一个心怀期待的过程，更是一个寂寞痛苦的过程。人的一生中，可以说等待时刻存在，等待一次千载难逢的机遇，等待一份心心相印的爱情，等待一个渴盼已久的成功。可是，却不是人人都有那份静候花开的耐心。

听过一个故事。她和他在学校里相爱了，他很爱她。有一次，他们一起出去玩，她摔倒了，他，只是焦急地连声问她要不要紧，却想不起解决问题的办法。她提出了分手，她总觉得，他像一个青涩的苹果一样，缺乏成熟稳重。多年以后，单身的她又在街上遇到了他，此刻的他一举手一投足，无不展现着一个成熟男人的风采，只是，他的手里牵着一个可爱的小男孩。她顿时哭了，她没有等到一个苹果成熟的季节。

一个初做销售的推销员，在与一大客户交涉数次无果后，失望地辞职了，令他没有想到的是，在他辞职的第二天，该客户就派人到公司找他签合同，他的同事接管了他未竟的工作。如今，他仍在频繁地跳槽，而他的那个同事每天只需要坐在办公桌前，打打电话，就会有不菲的收入。

如果心存希望，就要学会耐心等待。冬天过后，总是春暖花开，黑暗过后黎明总会再来，只要能默默承受等待的寂寞和失望，总能迎来花开的那一刻。

缺憾的美丽

很久以前读到这样一个故事。有农夫汤姆养了一群羊。放牧时，他总是放声高唱："我雪白的羊群啊，多么可爱……"可是有件事让他感到有些遗憾——他的羊群里还有一只黑羊。汤姆盘算着要卖掉黑羊：这样我的羊群里就都是可爱的白羊了。

冬天到了。一天，在一场暴风雪中，汤姆与羊群走散了。当暴风雪停息的时候，漫画遍野银装素裹，汤姆四处寻找，哪里还有羊群的影子？这时，汤姆看到远处有一个景动的小黑点，他跑过去，果然是那只黑羊！其他的白羊也在那里。汤姆高兴地抱起那只立功的黑羊："多亏有了你！"

这个故事一直让我记忆犹新，特别是心情浮躁纠结时，看了它内心就会释然淡然。我想，在这个故事中，农夫一定会庆幸自己当初没来得及卖掉黑羊，因为这种无奈的接纳竟给他带来了幸运。有时表面的缺憾孕育大的福分，也许会收获更美好的回馈。

"人生不如意十有八九"，世间事情谁能洞悉看透？曾经参加过一个残疾人沙龙活动，他们当中有聋哑人，有盲人，有肢体残疾的，表面看，他们的生命是灰色的，但他们活得生气勃勃，那些人当中有的成了画家，有的成了手工艺家，有的人拥有了自己的网店、按摩店等，当人生的不幸降临于身上，他们善待缺憾，没有气馁，而是重新审视人生，去追求生命的价值和意义。我想，也许当他们人生没有缺憾时，可能不会焕发生命深处的那种张力，他们也可能活得庸庸碌碌，终了一生。有时缺憾也是一种圆满。

邻居中有一对知识分子老夫妻，他们有三个儿子，大儿子和小儿子都考上了大学，出国留学，拥有了不错的职位和婚姻，唯独二儿子生性木讷、学业平平，做了名工人，老夫妻俩一直为大小两个儿子感到荣耀，逢人也喜欢说起他们，而相比之下二儿子让他们觉得脸上无光，也让他们觉得在教育子女方面的缺憾。

可是老了后，他们的想法却有了改观，因为那两个优秀的儿子虽然孝顺，但出国打拼，远水解不了近渴，只有二儿子住在身边，他勤劳能干，媳妇也善良贤惠，他们对老人照顾周到，体贴入微，让老人觉得老而无憾，也发觉二儿子同样是他们生命的骄傲。

大自然中，日光是一种灿烂的大美，而残月也具有一种婉约之美，有时完美是形而上的，缺憾也许更深邃动人。

做一条小溪

每当看着小溪流跳下山岗，走过草地，叮咚叮咚唱着歌儿、弹奏着琴弦勇往直前时，心生无限感触，人就应该像小溪一样具有顽强的生命力，永不停息地奔腾。画出美丽的生命曲线，为实现理想，要有信心，敢于面对挑战，以乐观的态度战胜前进路上的艰难险阻，不断地积蓄自己的力量，增加生命的厚度，实现自己的人生价值，为社会做应有的贡献……

没有大海的磅礴气势，没有大河的激流险滩，没有瀑布的伟大壮观，但小溪不屈不挠的精神，不追求回报，不计较得失，更不选择环境，只是欢乐地奔流，奔流，昼夜不停、四季轮回……

小溪的生命里没有困难和忧愁，永远乐观并勇往直前，面对世俗的热言冷语，她笑脸相迎，置之不理，心中只有坚持，再坚持，与世无争，与人为善，以诚相待，在快乐中成长，不知不觉中到达成功的彼岸，书写出希望和辉煌！

在故乡，三山六水一丘田，小溪布满故乡的山山水水，最平常，但却具有最顽强的生命力。小溪是有灵性的，她浇灌春天的绚丽多姿，为夏天送去丝丝凉爽，为秋天送去丰硕的果实，为冬天来年春天积蓄饱满的力量，在山野沟壑，田间小径画出美丽的曲线，帮人类净化空气，充满灵性的水，一方水养一方人，是乡亲们的生命中的好朋友，是文朋诗友的好素材，风风雨雨中，有人劝小溪躺下休息，小溪流不听从，她执着有自己的理想——永远向前奔向大海，流入胸襟博大的海洋，接受海纳百川的洗礼。

水的历史悠久，是万物之源，与大地同存，与日月辉映，当地球上很多东西销声匿迹的时候，水默默滋润大地万物，为人类供饮用水，默默为人类做贡献，生生不息！

　　神秘的夜里，聆听春花开放的声音，聆听夏虫呢喃的夜曲，小溪流过富饶的村庄，流进干涸的土地，流进农田，流进人民的心窝里，小溪润物细无声，此时无声胜有声，小溪用一颗虔诚的心，与大自然的一切一同卑微地成长！

　　人也应该如此。既做不了大海，就做一条欢乐的小溪，即使是做小溪，也应该做一个勇敢向前奔流的小溪，做一个志向远大的小溪，生生不息地奋斗的小溪！

做一名生活家

很偶然的一次公出，我来到中国著名的北极村——漠河。

那晚，我在网上给亲朋好友们上传我在北极村拍的那些漂亮的照片，一位大学同窗看到了，他告诉我，听说我们班挑战小艾，好像就住在北极村。

小艾是我们班的老疙瘩，有一张似乎总也长不大的娃娃脸，笑起来，左颊便出现一个浅浅的酒窝。

大学毕业22年了，我与昔日的同窗们散在天南海北地，被忙碌的生活追逐着，不少人彼此早已断了联系，包括小艾。

第二天一大早，我就委托当地公安局的朋友，帮我们找寻小艾。傍晚时分，我正在宾馆里等消息，有人敲门，竟是小艾，他依然那么年轻，我一下子就认出来了。

热烈拥抱后，我拉着他的手："你怎么跟同学们玩起了失踪？很多同学都不知道你藏在这里了。"

"我没藏啊！大家都在忙事业，你在忙生活，联系少了。"他微笑着，左颊上那个浅浅的颊窝还在。

他邀我去他家里坐坐，我欣然地随他下楼。

他说路不远，不用打出租车，我们可以走着过去。

两个人在银装素裹的大街上走着，往事被清晰地忆起。足足走了30多分钟，我身上冒汗了。见我对"路不远"面露困惑，小艾笑着安慰我，马上就到了，结果又走了将近半个小时，直到走出县城好远好远了，我才看到雪野上的两栋新楼，那里有他的新家，他原来住的平房也在这里，前年拆的。

一进小艾的家，迎面扑来一股特别的生活情趣和情调，那么鲜明，那么强烈，一下子就攫住了我的心。

"这么温馨，是弟妹的功劳吧？"我问一旁笑盈盈地小艾妻子。

"是我先有了做生活家的理想，她受了影响。"小艾一脸的自豪。

"嫁他就随他呗，做个生活家也挺好的。"小艾贤惠的妻子端上菊花茶，语气里满是幸福。

"生活家？"我第一次听到这个词，有些惊讶。

"很简单，就是把生活当作人生的头等事业。"小艾的书架里，摆摆了他搜罗的奇形怪石，还有他的根雕作品。还有，他在小小的阳台上，安然安了一个藤萝的秋千。

"我们每个人不都在为过上好生活，在辛苦地打拼吗？"我还是有些困惑。

"为好生活打拼当然没错，只是许多人在忙碌中失去了生活的乐趣，一味地工作至上、事业至上，把人生的因果倒置了。"小艾轻松的话语里透着玄机。

"因果倒置？把工作干好，事业有成，这不是很好的生活吗？"我想说这样的生活理念，早已深入人心了，难道有什么不对的吗？

"人生不过短暂的几十年，应该过一种平和、自由、沉稳的生活，不过于看重事业的成功与否，不把工作当作生活的目的，而只当作生活的一种手段。"小艾的观点，很容易让人情不自禁地联想到在瓦尔登湖畔生活的梭罗。

"那的确是一种人生境界，可是……"我想滚滚红尘中有那么多的名利诱惑，有那么多的牵绊，毕竟仅有极少数人，才能够像梭罗那样享受心灵的宁静与丰盈。

"而那正是人生的真谛，真正绵长的幸福，也正在那样舒适的生活里。"小艾给我斟了一杯自酿的蓝梅酒。

"舒适？"我更困惑了，我们辛苦打拼都很难获得舒适的生活啊。

"就像刚才我们一路走来，你可能感觉很辛苦，我却很愉快，有风景可赏，有舒心的话题，还锻炼了身体，这不比那些拼命地赚钱买车，然后再开着车去健身房，要好多了？"小艾随手拈来的小事里，却透着人生的大哲学。

"你说的有道理，我们许多人的奋斗，明明是为了让自己的生活舒适一些，结果却弄得焦头烂额，的确是本末倒置了。"我不禁想到生活当中那许多根本没有必要的忙碌。

"是啊，当一个人明白了心灵的自由与充盈，才是生命最可贵的，最值得追寻的，就会放下许多东西，看淡很多东西，就会跟着心灵的召唤，心平气和地做生活的主人，而不是做生活的奴仆。"小艾的眸子里闪着可爱的亮色。

随着更深入的交流，我赵发地羡慕起小艾了：他大学一毕业，就自愿来到中国最北端的小县城，毫无压力地过着一种近乎田园的宁静、安稳的生活，似乎外面的嘈杂和喧嚷，与他毫无关系，他游览的足迹不过是附近的山山水水，但他的思绪飘过了万水千山，穿越了古今。我看了他写的那些有关历史思考性的文章，我敢说比自己花了国家课题经费写的那所谓的学术成果，一点也不差。

我说他那才是真正地做学问。

小艾摇摇头："我从来没想过那是做学问，我只是喜欢思考一些问题，只是在过一种思考的生活，真切地感受思考的愉悦。"

我越来越敬佩小艾了，能够活到他的这种境界，看似是一件容易的事情，但我想恐怕没有多少人能够真的付诸实践，且从容、淡定、欢欣。

当我在微博中介绍小艾"做一个幸福的生活家"的追求时，很快就引来大量的跟帖，大家流露的多是羡慕、欣赏和赞叹，不少人表示今后真应该好好打量一下生活地真实面目，思考一下生活的真谛……

原来，我们许多人都在急速地追逐幸福生活的路上，反而远离了幸福，因为我们忘了一个最简单的道理——唯有做生活的主人，拥有幸福的生活，才有幸福的人生。

自己寻开心

　　曲晓莉是我家的邻居，她的母亲身患好几种病，是个药罐子，每个月光吃药，就要花去2000元左右。曲晓莉的父亲是环卫处的工人，每天开辆破旧的大卡车向郊区的垃圾处理厂运送垃圾。

　　曲晓莉的父亲回到家后，就是沉默地吃饭，沉默地喝酒，然后沉默地看电视。

　　曲晓莉职业高中毕业后，父亲找单位的领导说情，想让女儿接班，好歹有个正式工作，领导看在他勤奋工作近30年的份上，同意了这个请求。

　　曲晓莉从驾校考了执照，就从父亲手中接下了那辆破旧的卡车。因为卡车很破，经常去修车厂维修，一来二去的，就与一个年轻的修车师傅从熟悉到恋爱然后结婚了。

　　家里就她一个独生女儿，结婚后，她一直住在娘家，丈夫工作很忙，经常很晚才回家。

　　长期患病的母亲、沉默的父亲、哭啼的孩子、又脏又乏味的工作……这种生活很容易让人感觉压抑，旁人设身处地地想一想，就替她憋闷得厉害。

　　但是，曲晓莉不感到憋闷，反而觉得幸福，在清洁工装卸垃圾的时候，她坐在驾驶室里听歌曲，光听不算，还要唱。因为垃圾场散发的气味不好，她就戴着口罩哼歌，很多歌曲，都是在垃圾场学会的。

　　曲晓莉从大街上领回一只流浪猫和一只流浪狗，给他们做小衣服。吃完晚饭，一手牵着猫一手牵着狗出去溜达。遛狗很正常，但是，溜猫就很有意思了，小区的孩子们看了，觉得特别新鲜。曲晓莉非常得意地昂首挺胸，她的那份快乐，让人觉得好笑又羡慕。

曲晓莉喜欢看杂志，看了里面的笑话，自己总是哈哈地笑个不停，还到处讲给别人听，别人听了哈哈大笑，她自己也乐得不行。

曲晓莉的母亲每个月花不少的医疗费看病，父亲又喜欢抽烟喝酒，家里的开支比较大，曲小莉甚至没有自己的梳妆台。

曲晓莉就把口红、眉笔、胭脂什么的，放了一个铁桶里。这个铁桶是以前的米桶。她说这个桶非常棒，防潮防水，另外，每天早晨掀起米桶盖子去拿化妆品，她就想乐，觉得这日子过得挺逗的。

曲晓莉的镜子，就是一个断了连杆的汽车倒车镜，倒车镜一般是凸起的，用它照人，有些像照哈哈镜，人的面部走了样，显得很大，像个特大号馒头。我看了一次后，就不忍心看第二次了，她却兴致勃勃地每天清晨都用这个照镜子。

有次，我问曲晓莉，现在大家生活和工作压力都比较大，整天都郁闷得不行，你怎么那么开心啊？曲晓莉笑了："谁也没义务去逗你开心呀。这个开心，要自己寻，自己逗自己开心，才是正事。"

只要一米阳光

在繁华的商业街里，她的小店实在是太小了，只有几平方米的空间，方方正正的小屋，四面墙上都摆满了书，站两三个人，就转不开身，满眼都是书，触手可及的还是书。

小书店很受欢迎，顾客盈门，而且顾客都很自觉，买了书就走人。开书店的女孩安静地站在那里，顾客拿过一本书来，看完价格，收了钱她会轻声地说谢谢。

我说出一本书的名字，她在琳琅满目的书里，很快找出来。我拿了书交钱，然后随意地和她聊起来。"书店开得这么好，顾客又这么多，为什么不换大一点的地方呢？"女孩调皮地笑着说："你没有发现我这个书店有什么特别的地方吗？"我摇头。女孩指着窗子说："无论阳光从哪个方向照进来，都只是一米左右的光线，这就足够了，因为我只能看到那么远的距离。"

我再仔细看女孩儿，她长长的睫毛下，那双眼睛却像雾一样迷茫。原来女孩的眼睛有些问题，看东西不是很真。我心里有些遗憾，这么漂亮的女孩子呀，可惜了。女孩看不清我的表情，却感觉到了什么，笑着说："一米阳光就足够了，有些东西不一定要用眼睛去看，心也能感觉得到的。"

一位帅气的男孩急匆匆地走进来，塞给女孩一些吃的东西，又叮嘱了几句才离去。女孩羞涩地说那是她的男朋友，男友工作很忙，但总要抽出一点时间来看她，让她很开心。我突然间想起，那个关于一米阳光的故事。

传说玉龙山终年云雾缭绕，只有秋分时的某一天，神奇的阳光才能铺满山谷，被阳光抚摩到的人将会得到最圣洁的爱情。山里住着山神和风神，善于妒忌的山神不想让人间得到美好的生活和爱情，总是雨雾缭绕。而风神为了让人间得到爱情和美好的生活，趁山神打盹的时候，偷偷地将万丈阳光剪下最绚丽的一米，藏于洞中。无论山神怎么防范，总会有一米阳光留在人间。拥有一米阳光，也就拥有了幸福。

对于书店的女孩子来说，无论是生活还是爱情，只需一米阳光就足够了。在一米阳光里安静恬淡，不比较不虚荣，没有无休止的欲望，即使有缺憾，也是最真实的生活。

有时，生活真的不需要太多，一米阳光也很好。

真实人生不完美

苏州的园林无数，因知名的太多，所以许多虽精致而不太知名的小园林，往往被人所忽略。而我有个癖好，凡事总喜欢反其道，他人所冷落的，倒常常为我所追求。譬如苏州市区东北角有个巴掌大的半园，好多"老苏州"也未必知晓，而我十多年前一次偶然撞见，其园内的意趣深得我心，每每不能忘却。

大概在20世纪90年代，一次我在苏州闲逛，不知怎的就撞上了白塔东路上的半园。那时的园林并没有开放，园林好像还属于某某国企，但其内的翘角亭台从半掩的门中露出，似乎更具神秘之诱惑。我忍不住探身推门，见有一闲坐的门房老头，便问："老伯伯，里厢阿好看看（口语）？"那老伯打量一下我，也不置可否，不过他那并无敌意的态度让我视其为默许，于是便溜进去擅自兜了一圈。这时的半园，尚未修葺，虽有些杂乱与破旧，但亦如蒙尘之美女，秀色依稀。园极袖珍，占地恐怕仅二亩许，然而水榭、亭台、曲廊、石桥等一一皆有，所谓"麻雀虽小，五脏俱全"也。更教人玩味的是，园名取"半"，园中则处处凸现"半"之特色，如东南隅的"怀云亭"，假山垒石之上，依墙角而建，仅小半个亭身，但玲珑精巧，翼角飞扬。而环走园林东西的曲廊，也是沿墙而筑，仅半个廊檐，廊狭长而有五曲，故又以"五曲半廊"而闻名。还有半波舫、半个水榭台、二层半楼阁、半桥等等……

十多年前与半园的邂逅，印象虽深，毕竟只是初识，而再一次相遇，那才算有缘分了。去年，与苏州书香世家的姬总聊起半园，非常之巧，他说半园如今已修整如旧，正好隶属于他所辖的平江府，与如今热闹的旅游老街平江路也就百步之遥。于是，我便有了再游半园的机缘，而且这次对半园的认识，好像也为我上了半堂"人生课"。

在苏州其实有两个半园，另一个在人民路的仓米巷内，而白塔东路的半园因在其北，故称北半园。据查，此园原属清初进士沈世奕所建，取名止园；后归吴门太守周勖斋所有，更名朴园；最后在清咸丰年间，苏州道台陆解眉接手并改建，才换名为"半园"。我猜想此园多半也是陆道台晚年卸任赋闲之所居，陆解眉虽为安徽人，但他似乎也保持了苏州人那种低调内敛、做事不张扬的人生态度。一个"半"字，表明了自己谦退知足、不贪大求全的生存智慧。园内有副对联，说得很是明了："园虽得半，身有余闲，便觉天空海阔；事不求全，心常知足，自然气静神怡。"人生不求必全。我想起著名书法家赵冷月先生曾有个斋号叫"缺圆斋"，也属此意。据说他老人家晚年作书，落款时常将"月"字中间的两点，以一笔带过，人问其故，他说："缺一点说明我的书法还不够完满呀！"确实如此，人在年轻时，往往志存高远，凡是力求完美，而到了晚年，方知人生处处充满着遗憾，其实不必求全。唯有不完美，那才是真实的人生。

至美本应无华

周末，吃过晚饭在街上散步，路过一家花店，想起电脑桌上少一盆仙人掌，据说这种植物可以吸收辐射，就走进去看花。

时值冬季，北方屋外已是天寒地冻，店内却温暖如春，一盆盆青翠欲滴的花木高大拥挤，如置身夏日林间，甚至头顶上都是吊兰垂下的柔软绿茎。

店里没有仙人掌，但热心的店员说仙人球也一样，于是就看仙人球。店里的一个角落，放着好几盆仙人球。憨态可掬，如同几只缩成一团的小刺猬，在角落里静静地等待着未知的新主人。

蹲下细细一看，这些仙人球还是有区别的。它们的刺颜色不同：一盆紫红，一盆翠绿，一盆明黄，还有两盆是毫不起眼的淡黄。当然，后两盆不如前几盆艳丽。于是我问店员："这几盆仙人球的刺是染的色吧？""当然是染成的，要不哪来这么鲜艳，时间久了，长出新刺，就会恢复原来的颜色。就是这后两盆的颜色。"

呵呵，可能卖花人也觉得这仙人球长相太平淡，甚至有些丑陋，来刻意修饰一下吧。

问问价格，倒不是以颜色鲜艳与否来定价，而是按大小，大盆20元以上，最小的则15元一盆。又说起上面的吊兰，可以净化空气，价钱也是这么多，只有边上挂的那株，叶片呈银白色，叫作"白雪公主"，25元一盆。

呵，这些植物进入人类社会之后，也有了这么多的高低贵贱！

想想它们以前，或是它们的老祖先，在大自然中自由自在地生长，享受着天地造化赋予它们的一次生的机会，是那么自由舒展、平等和谐的共存于同一片阳光下，何其壮美！我们欣喜羡慕不已，于是贪欲四起，将它们带入人类社会里，据为己有，并根据喜好厌恶，强行给它们分出高低贵贱。现在，甚至根据自己的审美强行改变花草的颜色。

那么，我们喜爱的到底是何样的美？人类喜爱一种植物或动物，把它们移到一处据为己有，称之为植物园或动物园，却在空闲的时间里，去郊外的山林间寻寻觅觅，希望得到那种原始野性的美；人类喜爱一方水土，就把它们建设改造据为己有，等到城市出现后，又满心失望，向往原先自然安静的林间溪流。

世界本应在按我们美的意愿改造之后，变得更美，但为什么我们总是事与愿违？为什么美总在我们刻意寻求营造之后，变得市侩与庸俗，变成种种炫目的虚华耀眼，而真正的美，总在这虚华之外自在安然，闪烁在尘嚣之外、空谷之中？

大象无形，大音希声。至美本应无华吧！人类在刻意繁复、精巧、艳丽的同时，总是事与愿违的迷惑、遗憾。这是因为我们在兴致勃勃地上路后，总是忘了自己出发的目的，欲望将我们原本的目的折磨成了急功近利的遮眼纸。

于是，我买了盆淡黄而未上色的仙人球，摆在我的案前。

活就要活得漂亮

我读高中的时候，是在市里的重点中学。我们的班主任长得很丑，个子不高，一半脸白一半脸黑，简直让人难以接受。可是，就是这样一位教书先生，有着很好的表达能力，也特别爱运动，打球游泳、文艺演讲，样样都是学校教工队伍中的佼佼者，更是有一位漂亮的太太，这让我们大惑不解。

高三快毕业的时候，班里组织了一次联欢晚会。在联欢会上，我们乘兴问起了班主任的恋爱经历，希望他能毫无保留地向我们"坦白"。

班主任一听，笑着说："我一生下来，脸部就有很明显的胎记，而且随着年龄的增长，胎记也越来越大，为此，我很伤心，一度对自己缺乏信心，对生活也没有多少热情。唯一让我可以扬眉吐气的，就是我的学习成绩很好。上大学后，大学的生活虽然给了我更丰富更多元的内容，但我还是提不起精神……直到有一天，我的哲学老师对我说，一个人生得不漂亮可以怨天怨地怨造化弄人，但一个人活得漂亮不漂亮，却不可以怨任何人。"

哲学老师的当头棒喝，让我们班主任醍醐灌顶。从此以后，他仿佛变了一个人，一扫以往的自卑与忧郁，不但心里充满了阳光，连眼角眉梢都洋溢着笑容。除了刻苦学习外，学校所有的活动，他都是积极的参与者。几年下来，他不但以优异的成绩令同学们刮目相看，更以雄辩的口才、独特的个性、满脸的阳光赢得了"最有魅力大学生"称号。与此同时，他也赢得了班上一位美丽女生的芳心。

最后，班主任深情地说："一直以来，我都很感激我的哲学老师，因为是他告诉我，一个人可以生得不漂亮，但是一定要活得漂亮。无论什么时候，渊博的知识、良好的修养、博大的胸怀以及一颗充满爱的心灵，一定可以让一个人活得足够漂亮，哪怕你本身长得并不漂亮。"

活得漂亮，就是活出一种精神，一份精彩。一个人只要不自弃，相信没有哪个人可以阻碍你的成功轨迹。

我只要

我的幸福

她们那样自得地生活着，
美丽着自己，
照耀着世界，
真实地喜悦着，
幸福着。

盛开的荷兰菊

最近心情极坏。

已过而立之年的我，仍困囿于家乡这座小城的一所中学，遥想当年，作为校篮球队的主力，驰骋市运会；加入各种社团，青春激扬，理想闪光。毕业后，虽然也取得了一些成绩，但随着年龄的增长，家务的琐屑，工作的单调，没了当年的意气风发，为了追名逐利，委屈自己做一些自己也不愿意做的事。为争取进步，我曾经身兼数职，既带班，又教两个班的课，还是校团委书记、教研组长。原本潇洒的我变得亦步亦趋，不苟言笑，使本来阳光的心空布满了阴霾。两年来，我感觉失去了生活的方向，爱好广泛的我失去了激情与梦想，莫名的烦躁与空虚，有时甚至搞得鸡犬不宁，妻子怨怼，女儿恐惧。

直到校园内的荷兰菊盛开在金色的九月。

秋雨绵绵无绝，滴滴答答。每当去厕所必经过学生化学实验室前的学校大花坛，大花坛呈长方形，被校工会武主席割成了八块三角形小花坛，其中有四块种上了荷兰菊，其他四块分别是牡丹、串红等杂花。就在我心情格外差的这个九月，荷兰菊却悄然绽放，由前几天零星的几朵蝴蝶似的小花，到今天满园灿烂，有如天边簇簇晚霞铺陈怒展，在秋雨的滋润下妩媚妖娆。

午后雨过天晴，阳光扫得天空只剩下几朵闲云在散步，从东到西，就那么几朵。我走近荷兰菊，只见一朵朵小花争着向上，你不让我，我不让你，都展示着自己美丽的容颜。阳光把一丝丝金线洒下，试着要把这一朵朵迷人的美丽垂钓上来，而这一朵朵飘逸的精灵却抱成一团，团结得紧，毫不松手。再看周围还有那许多粉丝呢，只见花坛上空蜂绕蝶舞，煞是热闹，都忙着找一个个明星签名呢。再看看牡丹，在秋雨中像淋湿的鸡，狼狈不堪。再看那串红，一朵朵小红花已经渐渐凋谢，像极了容光不再的老妪，虽施了粉黛却难复春光。只有这荷兰菊，这一株株迟放的精灵，不与牡丹串红争锋，默默地汲取营养，积蓄力量，朝着太阳的方向生长一身葱绿与满头红发。

看到此等美景，真的难以想象，春天栽种时它们只是作为赠品被装在一个大蛇皮袋子里，当时气温很高，一个个小小的花苗像去年大旱时地里的小玉米秧，蔫蔫地了无生气。当把它们从袋子里掏出来，都没有人把它们当作花木，甚至有人提议把它们扔掉。还好马校长发话留了下来。就这样，学生们好歹把它们栽在了花坛里，随便浇了点水。之后，就再也没人给它们浇过水，更别说施肥了。所幸的是，今年朝阳地区雨水好过去年，每当小菊趴在地下要烤干的时候，就会有一场及时雨救命。正应了那句老话："天无绝人之路，老天爷饿不死瞎家雀。"就这样，荷兰菊历经磨难，挺了过来，由当初的半尺许到今天的齐膝高，叶子葱葱郁郁，花朵娇艳欲滴，对滴水之恩的培育却回报世界以灿烂美丽的整个秋天。尤其可贵的是它们顽强、团结，不畏逆境艰险，用顽强的生命力向世人证明，它们是美到了最后的花之王者。

蹲下身去，凝视着随风摇动的荷兰菊，我浮躁的心有一丝丝的清凉在蔓延，闭塞的双耳又听到了蝈蝈的吱吱鸣叫，小蜜蜂的嗡嗡嘤嘤，喜鹊的叽叽喳喳。凝视着随风摇动荷兰菊，我被俗欲迷乱的双眼看到了每一朵菊花的不同，它们高低错落，姿态各异。带露的娇艳欲滴，初绽的含羞带怨，盛开的炽烈奔放。每一株都是一个生命的个体，每一朵都是绝无仅有的美丽。捧一把秋雨浸润的家乡泥土，置于鼻端嗅闻久违的芬芳，那久违的亲切瞬间充盈大脑，那种混杂五谷香的味道润肺润脾，提神怡情。

最近心情极坏，直到我看到校园的荷兰菊盛开在细雨绵绵的秋天。痛定思考，打开抽屉，我拿起了手中的笔，要用我的笔描画并收获属于我自己的灿烂金秋。

听得懂的阳光

早晨，阳光以一种最明亮、最透彻的语言和树叶攀谈。绿色的叶子，立即兴奋得颤抖，通体透亮，像是一页页黄金锻造的箔片，炫耀在枝头。而当阳光微笑着与草地上的鲜花对语，花朵便立即昂起头来，那些蜷缩在一起的忧郁的花瓣，也迅即伸展开来，像一个个恭听教诲的耳朵。

晴朗的日子，走在街上，你不会留意阳光。普照的阳光，有时像是在对大众演讲的平庸演说家，让人昏昏欲睡。到处是燥热的嘈杂。

阳光动听的声音，响在暗夜之后的日出，严寒之后的春天，以及黑夜到来前的黄昏。这些时刻，阳光会以动情的语言向你诉说重逢的喜悦、友情的温暖和哪怕是因十分短暂的离别而产生的愁绪。

倘若是雨后的斜阳，彩虹将尽情展示阳光语言的才华与美丽。赤、橙、黄、绿、青、蓝、紫，从远处的山根，腾空而起，瞬间飞起一道虹桥，使你的整个身心从地面立刻飞上天空。现实的郁闷，会被一种浪漫的想象所消解。阳光的语言，此刻充满禅机，让你理解天雨花、石点头，让你平凡生活的狭窄，变成一片无边无垠的开阔；让你枯寂日子的单调，变得丰富多彩。

可这一切，只是一种语言。你不可以将那金黄的叶子当成黄金。江河之上，那些在粼波里晃动的金箔也非真实；你更不要去攀缘那七彩的虹桥，那是阳光的话语展示给你的不可捉摸的意境。瞬间，一切都会不复存在。可是，这一切又都不是空虚的，它们在你的心中留下切切实实的图画，在你的血管里推起浪潮，在你耳边轰响着不息的呼喊，使你不能不相信阳光的力量和它真实的存在。

和阳光对话，感受光明、温暖、向上、力量。即使不用铜号和鼙鼓，即使是喁喁私语，那声音里也没有卑琐和阴暗，没有湿淋淋的、怯懦着的哀伤。

你得像一个辛勤的淘金者，从闪动在白杨翻转的叶子上的光点里把握阳光的语言节奏；你得像一个朴实的农夫，把手指插进松软的泥土里，感知阳光温暖的语言力度。如果你是阳光的朋友，就会有一副红润健康的面孔和一窗明亮晴朗的心境。

阳光，是一种语言，一种可以听懂的语言。

投进阳光的怀抱

一觉睡到大天亮，我被照进窗户的阳光摸醒，暖暖的感觉，马头往窗外伸过去：碧空蓝得心都抖了，心中莫名地填满喜悦，一股强烈的愿望要出门走走。

放下手机漱洗一下，就拿起相机拍不及待向公园走。

二十三度左右温暖宜人，阳光正好，蓝天纯粹得透明，白云云游去了，一切都眉开眼笑，绿叶、青草、苹坪上躺着看书的人和打滚撒欢的狗，都镀上快乐的金光，阳光晃晃，蓝天下青草中放牧视野，浮光跃金，眼底心海中荡漾，阳光、阳光，到处都是阳光。

阳光在树梢跳舞、在草丛奔跑、在行人发端闪烁、在花的裙裾恋恋不舍，在叶子的血脉中流淌，有些，光脆穿过叶子的缝隙跳上我的鼻子嬉戏，而且还怎么赶也赶不走，伸手去抓，它又从我的指缝间伶俐俐溜走，擦擦鼻子转过身去，神啊，阳光它还闪了我的腰！空气中流动青草的香气，吻的味道清新甜蜜，可乐一般的幸福是心中冒着的泡泡，和阳光的明丽配合得天衣无缝，快乐得令人想变成一片立体阳光，融进喜悦的无边海洋。

阳光在我的血液里四散奔流，制造出脸上孩童般纯洁天真的笑容，榆树上闪烁的金斑镜子般夺人眼球，有金属的质感更有风的轻盈，教堂的钟声掠过碧空在耳畔回响，红尘若梦伴阳光浮尘轻舞，回首，生命中某些动人的瞬间某些尘封的往事光影中惊鸿一瞥，刹那间又幻灭踪影，树叶沙沙的声音，来自盘古初开，穿越生死界限，落到眉眼盈盈处，然后绵延至一片苍茫的地老天荒。

忍不住像一只欣喜的小狗，在阳光蓬勃的草地上打滚，鼻子衣服沾满了青草泥土的芬芳，咬一把草根，阳光的味道在舌尖流泻慢慢沉淀，指尖繁华如锦喜悦意竟是一种微微的疼痛自眉心渗透，心内幽情翻云覆雨妙不可言。

阳光娇羞着，把俏脸躲到叶子的阴下，春风吹过一棵枝繁叶茂的银杏，叶子们咯咯笑了，宛如拍响的掌声，顽皮的阳光在一排排参天榆树上眨着鬼眼，为洞穿我心中的秘密正和叶子窃窃私语，有不知名的鸟儿在树上忘情唱情歌，仿佛世上本来就应该是这样一段如歌的行板。

阳光太顽皮，吻吻这个吻吻那个，直到把你吻笑吻乐了才善罢甘休，树不会笑，它就把人家吻得枝茂叶亮，花不解语，它就吻得人家轰轰烈烈花枝乱颤，发现我在窃笑，它马上刺破叶子晃得我老眼昏花，我拿相机来挡，这家伙便毫不客气地藏到我的照片中去了。

阳光、阳光，到处都是阳光，我忘情地展开双臂，我要把这灿烂的阳光紧紧拥抱。

阳光下的小菊花分外妖娆，更有诱人的恋花蝶频频向我抛媚眼，吸引我不停按动快门。

青青地上，帅哥美眉躺着依着趴着，美美地晒太阳，梦想能晒出一身阳光健康的栗色，有人在和风的浓荫下戴上耳机看书，有人在吃面包，引来了一群贪吃的海鸥，偶尔扬起的面包屑，惊起一地鸥鸟，惹来旁人侧目，金马碧眼的孩童欢笑着，追逐鸟儿一会儿就隐入林森处。

走过两排粗大的法国梧桐，有一对新人正在树下拍照，洁白的婚纱和笔挺的西装托起迷人笑脸，更靓丽了这样一个丽日晴天，幸福的情人最适合在这树下制造一辈子都忘不了的浪漫，微风轻拂自然的箫声诸天回荡。

温室里的绣球花、蝴蝶兰开得蓬蓬勃勃，一群中国游人正忙着拍照，欢欢的笑声使人心都镀上一层金辉，来吧同胞，一起拍个照留念，留住这美好的时光。

走累了，坐在公园的长椅上，听风声叶响，若有所思若无所思，人事几番新，知交半零落，八年了，笔走天涯白手兴家，墨尔本佛赛公园，留下我多少足迹？求学、求职、自强、自立，走过春夏走过秋冬，走过多少风风雨雨？见证多少美好和困顿？回首向来萧萧处，也无风雨也无晴。生活告诉我：前路认定了，"莫道轻阴便拟归"，只要有信心，只要不惊慌，只要能坚持，就一定能把自己的梦想照进现实的花都。

给然是风雨兼程，"谁怕？一蓑烟雨任平生。"

阳光在身边暖暖萦绕，轻轻拂去身心的浮躁与劳尘，明媚一心蔚蓝。

霜雪交加时我们学会等待春天，风雨泥泞中我们学会等待天晴，等待朝阳再起等待阳光再灿烂。是的阳光，我们一生都需要阳光，阳光能照亮未来，温暖冰冷的生命，阳光能散万叶发千枝，阳光融化于心海，掌心化雪，便靓丽了缤纷的尘世。

今天阳光好得让人无法抗拒，我情不自禁投进阳光的怀抱，不停地按动快门，拨动我轻快如风的心弦，岁月如歌心弦震颤，我要把这亮丽阳光紧紧拥抱，一生收藏，摄进镜头融进照片撒进心田，赶走生命的阴暗，我要我们的人生路上，永远充满这灿烂的阳光，我更希望我的朋友们，笑容里阳光轻舞春光明媚花枝满茎。

我甘心是我的茧

让世界拥有它的脚步，让我保有我的茧。

当心灵再不想作一丝一毫的思索时，就让我静静地回到我自己的茧内，这是我唯一的美丽。

曾经，每一度春光都让我惊讶。怎么回事呀？它们开得多美！我没有忘记自己站在花朵前的那些喜悦。大自然一花一草生长的韵律，教给我生存的秘密。像花朵对于季节的忠实，我听到杜鹃颤巍巍的倾诉。每一度春天之后，我就更忠实于我所深爱的自然。

如今，春仿佛已缺席。我的心里却突然一阵冷寒，三月春风似剪刀啊！

有时，就把自己交给街道，交给电影院的椅子。那一晚，莫名其妙地去电影院，我随便坐着，有人来赶，换了一张椅子，后来竟又有人来要。最后，乖乖地掏出票来看个仔细，摸黑去最角落的座位，这才是自己的。被注定了的，永远便是注定。自己的空间早已安排好了，一出生，便是千方百计要往那个空间奔去，不管我们自己愿不愿意。

我含笑地躺下，摊着偷回来的记忆一一检点。当我进入回忆的那片缤纷的世界时，便急着要把人生的滋味一一尝遍。很认真，也很死心塌地，一衣一衫，还有笑声，我是要仔细收藏的，毕竟得来不易。在我最贴心的衣袋里，有我最珍惜的名字，我要每天唤几次，去感受那一丝温暖，因为它们全都真心实意待过我。如今在这方黑暗的角落，能怀抱着它们入睡，这已是我唯一能做的报答。

够了，我含笑地躺下，这些已够我做一个美丽的茧。

每天，总有一些声音在拉扯我，拉我去找一个新的世界。她们千方百计要找那道锁住我的手铐脚镣，可是那把锁早已被我遗失在时间的隧道里。那是我自己甘愿遗失的。对一个疲惫的人，所有光明正大的话都像一个个彩色的泡沫……

强迫一只蛹去破茧，让它最终落在蜘蛛的网里，是否就是仁慈？

就像所有的鸟儿都以为，把鱼举在空中是一种善举。

有时，会很傻地暗示自己，去走同样的路，去买一模一样的花儿，去听自己最熟悉也最喜欢的声音。当夜来临时，遥望记忆中的那扇窗，想象一盏小小的灯还亮着，于是开始一衣一衫地装扮自己，以为这样，便可以回到那已逝去的世界，至少至少，闭上眼，感觉自己真的在缤纷之中。

如果，有醒不了的梦，我一定去做；

如果，有走不完的路，我一定去走；

如果，有变不了的爱，我一定去求。

如果，如果什么都没有，那就让我回到记忆中的那片泥土！这些年的美好，都是善意的谎言，我带着最美丽的那部分，一起化作春泥。

面对黄昏，想着过去。一张张可爱的脸孔，一阵阵欢乐的笑声……一分一秒的年华……一些黎明，一些黑夜……一次无限温柔的奥妙……

被深爱过，也深爱过，认真地哭过，也认真地在爱。如今呢？

人世一遭，不是要来学认真地恨，而是要来领受我们所应得的一份爱。在我活着的第二十个年头，我领受了这份赠礼，我多么兴奋地去解开爱的那个漂亮的蝴蝶结。当一种晶莹的琉璃般的光华在我手中颤抖时，我能怎样？认真地流泪，然后呢？然后又能怎样？

认真地满足。

当一道铁栅的声音落下，我知道，我再也无法从时间里走出去。

趁黄昏最后的余光，再仔仔细细检视一点一滴。把鲜明生动的日子装进行囊，把熟悉的面孔、熟悉的一言一语装进记忆，把最钟爱的生活的扉页撕下，也一并装入，因为自己要一遍又一遍地再读。

最后，把自己也装入。在二十岁，收拾一切灿烂的时候，把微笑还给昨天，把孤单还给我自己。

让懂的人懂，

让不懂的人不懂；

让世界是世界，

我甘心是我的茧。

我是幸福的

那是在半个月前，我跟中学时的几名同学搞了一个小型聚会。在闲聊的时候，有一位同学偶然提到了"板凳"。这使我忽然想起了那个身材矮小，两腿患有残疾的男生。

"板凳"，是我们曾经送给他的绰号。他在我们的下一个年级，因为患有小儿麻痹症，两条腿扭曲得十分厉害。他走路的时候显得非常吃力，整个身子几乎匍匐在地上。每天，他都是徒步去上学。我始终都有些怀疑，像他这样的身体状况，一天需要往返10多里的路程是如何坚持下来的。

每天，他一定在天不亮的时候就要走出家门，然后缓慢地走向学校。因为，我们每次骑自行车遇到他的时候，他都已经是在半道儿了。他的手里也总是拿着一个小板凳，那是为了在走累的时候，坐下来喘一口气。虽然他的帆布书包背带已经收得很短，但看上去仍像直接挂在他的脖子上似的。远远看上去，他走路的姿势显得愈加费劲。

当我们从后面赶上来的时候，他总会仰起脸来，笑呵呵地跟我们打招呼。因为同情他，我们也总会轮番将他驮到学校。

记得有一次，我不解地问他："你总是笑呵呵的，有什么好笑的呢？"他仍笑着回答说："今天还能继续上学，我的心里真高兴。"

当时我也听说，他学习很用功，可成绩却一直不好。毕业之后，我们就各奔东西了，再加上以后彼此忙于生计，"板凳"便渐渐地在我的记忆中淡忘了。只是隐约听别人说起来，他好像开了一个修鞋铺，而且一直都没有结婚……

此时，当那位老同学再提到"板凳"的时候，我内心忽然产生一种强烈的好奇心，很想知道他的近况。而后听同学说，"板凳"直到两年前才结婚，他的妻子是一个聋哑人，而且左臂还有残疾。

就在不久前，我的那位同学还去过"板凳"的修鞋铺修提包的拉链。"板凳"老了许多，只是情绪还像过去一样，无论跟谁说话，总是乐呵呵的。我的那位同学便问他："你的性格好像跟从前没有多大改变，还总是喜欢这样乐呵呵的，为什么呢？"

"板凳"就笑着说："是啊，以前我也是这样。因为那时候，我就相信自己也会幸福的。现在我有了一个女儿，而且她很健康，你说我能不高兴吗？"当时，我的那位同学听了他说的话之后，内心很是感动。而此刻，我也颇为感慨。

拥有一个健康的女儿，便是他一生的幸福。原来，幸福可以如此朴实而真切。我再看一下身边的那些朋友，他们大都事业有成，而且有房有车，但我仍时常听他们抱怨生活劳苦乏味。其实，不光是他们，我自己不也是这样吗，经常会因为生活中一些鸡毛蒜皮的小事，而心生烦恼，幸福这个词语已经变得越来越陌生。这时候，我真的特别希望能够立刻去看一看"板凳"那张朴实的笑脸。

我也更想在内心里大声提醒自己：我相信我是幸福的！

心怀美好的阳光

春有万紫千红，夏有浓荫绿荷，秋有皎皎明月，冬有皑皑白雪。是的，你若爱，生活哪里都有可爱。你既然选择了这个世界，就要怀着一颗感恩的心，热爱生命，相信未来。

你既然无处可逃，就要把自己当作一颗会开花的树，怀着美好的憧憬，等待一个洒满阳光的季节，让自己绚丽绽放。

有一首歌叫《阳光女孩》，歌中唱道："新世纪春风迎面吹来，吹走昨天心底的悲哀，从此不再为明天无奈，带来新的希望让你开怀。"人生就应该这样，什么时候都拥有一种阳光心态，抛开怨恨抛却烦恼，忘却忧愁和哀伤，即便生活在黑夜，即便行走的冬天，也应该有铁树一般坚定不移的信念，有松柏一样不屈不挠的韧性，坚守自己心灵的净土，微笑着，迎接春风，等待花开。

不记得海伦·凯勒么？她幼年就因意外疾病而失明、失聪，在这黑暗而又寂寞的世界里，她从没有怨恨和悲哀，没有气馁和放弃，而是心怀阳光自强不息。她的《假如给我三天光明》充满了对生活的热爱和对美好明天的渴望，至今仍感动着世界感动着我们。

还记得英国少年艾金森么？他长得憨头憨脑，加上行为举止笨拙幼稚，而成为同学戏谑的对象，甚至老师都不愿意给他上课；艾金森的父亲也认定他不是白痴就是智障，甚至不愿意与他说话。但他并没有怀恨在心，没有消沉堕落而不能自拔，在母亲的鼓励下，他看见了自己的亮色，发挥了自己的特长，最终成为英国最具表演天赋的喜剧大师之一，系列戏剧《憨豆先生》风靡全球。

细数你心中的阳光吧，用爱与感恩之心，呵护那片洁净的土壤，耐心守候，相信自己也能听到花开的声音。

还记得西单女孩么？这个流浪的天使，这个孤独的歌者，这个执着而又阳光的女子，总是把寂寞和忧伤埋在心底，不言痛苦，不说风雨，把洋溢着爱与美的歌声洒遍西单的街衢，一首《天使的翅膀》曾在很多人的心中回响。后来她参加了春晚，成为人们喜爱的百姓歌手。

还有孝女当家的孟佩杰，她说："人要追求快乐，我苦不苦，苦，但我要在苦中创造快光，苦中求乐。"还有第一位中国达人刘伟，她说："我的人生中只有两条路，要么赶紧死，要么精彩地活着。"他没有死，他凭着自己不懈的努力，创造了一个又一个奇迹。

生活可爱吗？你若爱，哪里都可爱；世界可恨吗？你若恨，哪里都可恨；不过，只有心中有爱的人，才能真正这会处处感恩。

为什么总是心情沉重？因为你心里落满了世俗的灰尘；为什么看不见阳光明媚？因为你的自私和功利挡住了眼睛；什么才是成长？经历风雨，一直变得坚强，真诚、善良，热爱自己，善待他人。

什么才是健康的生命？胸怀应像大海一样宽阔，心灵应像蓝天一样澄明；阳光下，有自由的鱼儿跳跃，有幸福的云雀欢唱，你梦想的彩虹，就挂在前面无尘的天空。

什么才是美丽的人生？几米曾说，我的心中每天开出一朵花，简单而又诗意，只要你有一颗爱心，哪里没有动人的风景。

所以心有阳光，是小草也能经营一方天地，摇曳一片新绿；是小树也能成长一枝清秀，酝酿一园花香；如果你愿意，就做一颗向日葵吧，永远怀着美好的阳光，在一个属于自己的季节绚丽绽放。

我以为的幸福

我家的钟点工阿姨，以前每次进门后都忍不住地问我："你一个人在家不觉得无聊吗？"她很奇怪，因为她所认识的那些住在公寓里的女人，不是逛街就是打麻将，那样的日子在她眼里才是充实并且正常的。

我当然不会去和她较劲：我打发时间的方法至少有十种，每一种都比逛街和打麻将更令人愉悦，我热衷与自己相处，更深深懂得什么是更有趣的事。

而她所能理解的世界是热闹喧腾的，是每晚筷子都能夹到肉片，是家长里短的闲暇八卦，是言听计从的丈夫和孩子，那是属于她的幸福。

一个姑娘告诉我：她每天忍不住地打电话找他，他稍有语气不好或者态度敷衍，她就很受伤，害怕他拂袖而去，害怕他爱上别人，尽管他承诺了爱她也愿意娶她，她却仍然找不到安全感。我问她：假如这一刻你们分手了，你会怎么生活？

她仔细想想后深觉可怕，因为除了爱他，她的生活竟然已经没有了其他有趣的事可以做。她心想的是，我该如何讨好这个男人，我该如何看住这个男人，而唯一遗忘的事情就是：她没有了自己的生活。

这是许多女人不幸福的所在，将全部的幸福都寄托在一个男人身上，喜怒哀乐全部与他相关。一旦哪天，这个人撒手离去，她们的世界就全然崩塌。

不要怪这世界变化快，只是你的世界太狭窄，容得下爱情，却独独容不下你自己。

你时常被他无意的一句话惹得号啕大哭吗？又或者总是因为他的一个无心之失就恼羞成怒？你如若还在为此念叨不休拼命抱怨，你就会忽略了：这其实是幸福对你的警告。你的世界败象已露，已丢盔弃甲，最后只能等待别人轻易地攻城略地，再好心施舍一份尊严给你这样的降兵。

年轻的时候，我们的快乐很简单，泪点很低，笑点也很低。伤心容易，快乐也容易，因为一觉之后就是新的一天。可是人类太容易遗忘快乐，对痛苦的记忆能力远高过其他。

一个人的成长，与其说是看到更多的刻薄人性，不如说是时光逼着你不得不学会处理痛苦、找寻快乐。

忽然发现，原来爱情是一种能力，快乐是一种能力，遗忘更是一种能力。

不进步不成活。那些我们与生俱来就懂的事，其实才是最需要学习的事情。

我们不能因为爱情丢了自己，因为那样，就会以爱之名行伤害自身之事。我们不能因为爱情，而没有了其他的快乐，因为那样，痛苦将如没有山峰阻拦的寒流侵袭直下。

幸福在哪里？

以前我以为的幸福是：有一个命中注定的人，他无条件地爱你，永远不会和你分离。现在我以为的幸福是：我的泪点很高，我的笑点很低，因为值得我快乐的事很多，而值得我哭泣的事越来越少。

我只要我的幸福

那时候，我的心性还是个小女孩。总以为父母宠着我，男朋友爱着我，这一切都会永远陪着我。即便确认了男朋友真的人间蒸发了，我还是不相信这事发生在我身上了。

那是12月底，新年就要到了，兰州的大街上缀满了一闪一闪的小彩灯。夜里的黄河几乎看不见波光，沉沉的，浑浑的，我想如果我跳下去，一定没有人能发现，河水瞬间就能淹没一切。我死了，父母一定也活不了。他们就我一个女儿，我哭了，无比伤心，我不想死了，他不爱我，我不能不爱自己，我没有做错什么啊。

从那天起，我明白了一个道理，除了父母，没有人能不离不弃；也坚定了一个信念，谁都可以不爱我，但我自己不能不爱自己。

5年后，我已经在北京拿下了博士学位，并留在了妇产医院当了一名妇科医生。2004年，我去美国做了一个时期的访问学者。在那里我结识了两个朋友，Julie和Stella。她们给了我特别大的触动和影响。

第一次见到Julie的时候，是在医院。我去观摩一个卵巢割除手术，手术即将开始，患者突然拒绝手术，大哭大闹起来，医生面面相觑。这时，一个穿绿色短裙的亚裔女人被引领到隔离区。她走向患者，她们似乎很熟悉，她拥抱着她，她们窃窃私语着，过了十几分钟，护士悄悄告诉医生可以准备手术了，患者的情绪平复了。那台手术很成功。走出手术室的时候，我又看到了那个亚裔女人，她看见了我，冲我微笑着点头。医生的助手介绍她，义工Julie。她的工作就是安慰患者及其家属，是义务的，没有酬劳。

接下来的日子，几乎每天，我都能看见Julie陪不同的患者进进出出，亲密无间。渐渐地，我们熟悉起来，当她得知我来自中国，立刻用普通话和我打招呼。原来，她是中国人，来自中国台湾。

她很爽朗，不忌讳谈任何事，生死离弃，她都一笑而过。她其实也是个卵巢癌患者。40岁时割除卵巢，然后经历了丈夫外遇、离婚，儿子死于车祸等人生大悲时刻。她说，离也离了，死也死了，痛也痛了，苦也苦了，我的心脏还没有停止跳动，我就得好好活下去。于是，一边放疗化疗，一边做起了义工，去安慰和帮助那些挣扎在病痛中的不幸的人。她没有一个亲人在身边，但她一点也不孤单，医生需要她，患者也需要她。

Stella来自日本，也是到美国做访问学者的。她在日本经营6家公益性质的妇婴保健院，有上千个孩子叫她妈妈。她每天都非常的忙，可是不论多么忙，她每天都和保健院的孩子和妈妈们通电话，还拍一些生活照发电子邮件传回去。我问她会不会很累，她会微笑，说，累，却很开心，这就是我的生活，我感觉很幸福。

其实，Stella的人生也是不完满的。她曾经结过婚，但丈夫因为不能忍受她的忙碌，而与她离婚。她特别喜欢孩子，但却没有自己的孩子。她说她实在喜欢自己做的事情，所以，宁肯不要家庭不要自己的孩子。

认识Julie和Stella仿佛打开了我人生的另一扇窗，让我看到了另一个属于我同类的世界。她们那样自得地生活着，美丽着自己，照耀着世界，真实地喜悦着，幸福着。我和她们其实是一样的心情。可是，每当父母很殷切地希望我结婚的时候，我还是很尴尬和愧疚，不知道怎么向他们解释，他们一直认为没有婚姻没有家庭，我是孤单的，快乐和不在乎是伪装出来的。其实，我真的很好。

2006年，我回国了，继续做医生，同时开始做类似义工的其他公益事情。每天都在充实而有序的状态中度过。这几年，父母常来北京小住，我就带她们去我工作的地方，他们终于开始感受我的自在了。Julie和Stella先后来北京看我，她们的故事，很让我母亲感叹。以前，每次离开北京回老家，母亲都会在临别前欲言又止，无数的放心不下盛满了眼睛。现在，不一样了，她知道我会过得很好。她曾经和Julie说，我不再担心安娜了，她就是一辈子不嫁人，我也不担心了。

心灵的明媚

曹姑娘是凭一张薄纸和我成为同事的。

来应聘那天，个子小巧的她站在大家面前，清秀干净如中学生，把一张薄薄的纸递给面试的老总，说："我叫曹雯，曹操的曹，晴雯的雯。"她脸上的表情和她的介绍一样清楚明了，当时，一圈考官就都喜欢上她了。

曹姑娘很用功。她白天趴在电脑前眼不眨身不挪，下班回了家还要忙到深夜，发给我的邮件多在零时以后。如此敬业的新兵苗子，度过试用期自然不成问题，可曹姑娘的目标却不在此。签劳动合同时，她私下里跟我说："我要么不选择，选择了就要做到最好。"仿佛是理所当然的，她的工作业绩噌噌往上蹿，她的创意和制作的精细度，每每令我等"老江湖"心中暗喜。除了领导的欣赏，曹姑娘还赢得了同事们的喜爱，甚至成了大家心目中的"宝"。

曹姑娘是书虫，曾创下一天看12本小说的纪录。除了办公室和卧室，她待得最久的地方就是书店。她爱干净，从来都是素面朝天，脸上一片光洁。和她的素颜一样干净的，还有她的内心。她本来学医，却因见不得医生拿红包、药房吃回扣的污浊事，不忍看病人脸上的痛楚，才千辛万苦地改行做了创意设计。

据说曹姑娘之所以跳槽到我们公司，是因为听说这里有比她原公司多得多的假期，尽管工资不高。

很多人对她"人往低处走"的做法感到惊讶，她却很笃定。原因很简单，她喜欢四处走动看风景。我们公司每个月都有一周的轮休，这一周里，出游的曹姑娘快乐得像一只小鸟……

到单位才一年多，曹姑娘就因为创意出色、业绩不俗，晋升为公司的首席创意师。

每次看到她激情地生活和投入地工作时，我都会自然而然想起伊莲·佩姬——一位被授予大英帝国女王勋章的音乐剧女神。初登台时，她和曹姑娘一样，16岁，中专学校毕业，身材小巧。当她在舞台上被人忽略的时候，她一直在心里喊着不变的一句话："嘿，我在这里，请注意我！"40年后的今天，她被公认为"英国音乐剧第一夫人"。

曹姑娘就像是我们身边的伊莲·佩姬。不论工作还是生活，大家似乎时刻都能听到她心底的声音："嘿，我在这里。"这种来自心灵深处的自信和明媚一直感染着我们，让我们更加喜欢她，并相信她的未来会无比美好。

心藏一朵莲花

前些天过生日，收到文友寄来的莲花香炉一只。古朴的咖啡色，镂空的花盖设计，三层整体的外翻花瓣，形象饱满，色泽圆润，一看就是上乘之作。

这朵盛开的莲花，整整跋涉了三千里，只是为我而来。而我，除了以慈悲欢喜的心迎接它，笨拙的嘴再也说不出什么。

女孩叫素颜。先是在杂志上读了我的文字，又寻到了我的博客，后来，我们成了QQ好友。我上线不多，偶尔的几次谈话，亦不过是浅浅的寒暄，彼此从未深聊过。只是，谁说只有彻夜长谈才能知心呢？真正的缘分，有时只需惊鸿一瞥。

刹那而已。

香炉内，她还细心地放了莲花香夹和一张洁白信纸。打开一看，一行娟秀的字跃然其上：清心，我知道，你的心里一直有一朵莲花，就像你的文字一样。

突然就落泪了。一个写字的人，在茫茫人海，能够遇到如此素未谋面的知音，夫复何求？我知足了。

说来很巧，手头正好有一盘朋友送的老山檀香。我把它轻轻搁进莲花香炉里，点燃后，放到书桌上，不到几分钟，已是满室生香。

闭上眼，阵阵禅意芬芳而来，心一下就安静了。这一刻，工作的嘈杂，生活的琐碎，日子里的种种纷扰，都被抛到了九霄云外。整个世界，仿佛只剩下我一个人，简简单单，安安然然，干干净净。

自此，每天晚上，在我写作时，阅读时，甚至是听音乐看电影时，莲花香炉都会陪我待上一会儿。袅袅轻烟自炉盖的镂空处冉冉升起，芬芳的檀香，化作千万朵白莲，在空中飘啊飘，犹如仙女下凡，那么悠然，那么自在。

多么的美！檀香环绕，哪怕什么都不干，只静静地盘膝而坐，抑或是仰面而卧，因为内心无杂无念，无挂无碍，那一刻，感到整个人从未有过的轻盈空阔。

不禁想起中国台湾作家林新居的一首诗：

独坐一炉香，经文诵两行。

可怜车马客，门外任他忙。

好一个"独坐一炉香"！人生，总需要有一些这样的时刻，让自己慢下来，静下来，听花开的声音，观叶绽的美妙。我想，心境如斯的人，大都孤绝唯美，内心强大，他们喜欢清欢自足，一个人在自己的精神花园里漫步。心澄滤净，俗念不起，现在的一切已然很好，正如著名演员海清所言，生活给我的已经太多，我什么都不缺。

作为乐施会形象大使，不久前，她参加了在里约热内卢举行的联合国峰会并发表演讲，呼吸更多的公众关注贫困地区妇女的生活和发展。因为是公益活动，出行途中的大部分花费都需要自己承担。海清一路欣然，她说，善念是最大的正能量。她愿意像个扩音器，尽己所能将弱势群体的声音放大，传递给世界，让更多的人可以听到。

最让我心动的，不是她关于慈善的演讲，而是在这个欲望膨胀的时代，在这个每个人的内心都像被咬过几口的苹果一样的时代，置身于灯红酒绿的娱乐圈，她竟然说自己什么都不缺。

焚香净手，一般人想要的，她却没有兴趣。别人眼里的珍珠，对她而言，不过是用上不大的沙石。她说，房子的面积再大，装修得再豪华，也不如住在自己的心里有安全感。

是啊！握不住的沙，不如放下。人生最重要的是心有所安。不缺，并非什么都有了，而是知道自己要什么，把其余的都看淡了，放下了。就像莲花香炉里袅袅冉冉的缕缕轻烟，只留下最轻的一点给自己。

幸福需要的是减法，减去那些繁杂与浮华。如同晚年的弘一法师，一床一被，一钵一粥，生活必需品减至不能再减，却能八风吹不动，端坐紫金莲。

因为，只有身心轻盈了，我们才能闻到自性莲花的清香。

小城的桂花香

一到农历八月，我所居住的温泉小城就笼罩在桂花的甜香之中。这样的时节，有暇在温泉的大街小巷闲散地行走，那真是惬意不过的一件事情。

路两旁的桂树葱茏地绿着，那绿本身就很诱人，无形之中就收敛了凡俗的心思，宁静了杂乱的心境，让思维的颗粒一点一滴融入它的绿荫之中，而后又随着花的清香弥漫、扩散。

那米粒般大小的金黄色花瓣以芬芳的姿势撒落在地上，有心之人甚至不舍得踩它一下，总是深深地呼吸着，看上一阵，怔上一阵，然后绕几步走过去。这本该是月宫中才有的花呀，竟然落户到了人间，并且开得遍地都是，它的情意、它的芳香究竟可以带给人们多少美丽的怀想啊。

幕阜山脉的清风深情款款地吹过来，在这座城市上空轻轻吹拂，往返盘桓。清风是识香而来的，并试图从小城的芳香中多裹些甜香带走呢。不然，它就不会一而再再而三地，来了又去了，去了又来了。当然，这不是清风对桂花之香的贪婪，恰恰相反，它是为着将这天上才有的甜香，散向更大的空间，飘散芳香更多的心思呢。更有那潜山脚下的淦河，以它固有的韵律舒畅地流淌着，为着这满城的香甜，它笑成了一钩浅浅的弯弯的月牙。它一刻不停地流着，从一种思绪流向另一种思绪，从一种生活流向另一种生活。这满城的芳香泼在这弯月一样的流水中，便不知有多少芳香的心思被河水带到了他乡，流入了壮阔的长江，甚至遥远的大海。

到了八月十五，这城市的芳香便益发让人心醉了。桂花的香、月饼的香和亲情的香搅在月色里，搅在团聚的喜悦里，抑或是搅在缠绵的思念里，谁能说这不是小城一年一度独有的盛事呢。"少时不识月，呼作白玉盘"，那是多么圣洁的一种想象。人到中年，经风沐雨，不由得就会生出"明月几时有，把酒问青天"的感慨。而在这桂香飘逸的中秋之夜，在这镭射和霓虹涌动的生活热潮中，这份感慨无形之中就被关在了思维的门槛之外了。

"八月十五月儿明，月亮出来吃月饼"，这乡下和城市都有的具有中国特色的中秋之夜，说是吃饼赏月，不如说是为着细细慢慢地品味亲情的芳香。那轮悬在苍穹的美丽圆月之中，舒广袖的寂寞嫦娥、砍桂树的执着吴刚依稀可见，他们的传说依然丰富着我们的想象。而传说中的广寒宫，早已林立在人间，在我们的温泉小城也可以说是无处不在了。月宫中冷寂寂的桂香，在人间也早已是热热闹闹了，它在热闹中散发着生活的甜美和浓厚的亲情。

当你心境抑郁，和月亮对视的一刹那，你也许会发现天边的一轮是如此的孤独，这时，城市的芳香游移到了你的思维之外，你无法感觉到它，真的。而当你拥有快乐心境的时候，桂花的芳香会不招自来，你会觉得，它如梦如幻地弥漫在你外在和内在的世界里。应了这样一句话：月随人心。

身在福中，身在城市的芳香中，身在可以用劳动和智慧创造的美好生活中，我们是没有什么理由不快乐的。即使真有那么一些不快乐，我们亦当学会记取那些该记取的，淡忘那些该淡忘的。在生活的河流中，以进取的心态，劳动的姿态，创造性地打扮每一天的生活，一步一步走向心中的梦想，让城市的芳香真正渗透到我们的灵魂深处。

像莲花般盛开

有一位朋友独自出门旅行，第一站去游历名山。当他踩着苍苔湿露，披荆斩棘，历尽千辛万苦抵达山顶的时候，他被眼前美丽的风光陶醉了。

站在山巅，所有景物尽收眼底。奇峰怪石，苍松翠柏，千年古树，烟雾缭绕，霞光穿透云层，丛林尽染，美得令人心旷神怡。

都说无限风光在险峰，不爬到山顶，怎么会看到如此美丽的景致？他唏嘘不已，拿着照相机横拍竖拍，似乎想拍尽所有美景。审视一番，欣赏一番，玩味一番，天色向晚犹不自知。

下山后，他才发现，原本热闹的景区早已是人迹稀少，游人寥寥，原本想搭乘的那班车也早已不见了踪影。他抱着照相机长吁短叹，愁眉不展。从山下回到自己临时居住的小旅馆，至少有5公里，步行回去至少要一个小时，更何况从早晨到现在，他在山上已经耽搁了一整天，几乎耗尽了全部的体能，哪还有力气走回去？

他坐在路口石头上，开始生自己的气，恨不能抽自己一个耳光，贪恋美景的结果，竟然忘记了跟人家约好的时间，被丢弃在山里，倘或山里有凶猛的野兽，自己还不成了它们的口中美食？

正想着，一个卖山珍的老人收好摊子，回头问他："小伙子，天都黑了，还不下山，在等人啊？"他气呼呼地说："没车了，怎么走啊？"老人说："没车就走回去，生气有用吗？"他说："走不动了，我气我自己糊涂，竟然忘记了跟人约好的时间。"老人乐了："就这事还值得你生气啊？我问你，你上山干吗来了？"他说："旅游，看风景，愉悦心情。"老人说："这就对了，既然是旅游，怎么游都是游，坐车和走路有什么不同？既然旅行是为了快乐为了愉悦心情，你何必自己找气生，自己和自己过不去呢？"

他若有所思地点点头。

他真的迈开大步，徒步回山下的小旅馆，尽管山里的夜黑漆漆的，可那是他第一次在山里走夜路，不一样的经历有了不一样的感觉。

比原来设想的提前一刻钟回到山下的住处，躺在小床上，透过窗户，看着窗外的弯月，他的内心宁静、踏实。

回家后，他用毛笔写下"禅心如莲"四个大字，挂在书房里，我问他因何，他笑，说："我只是想时刻提醒自己不生气，更不能跟自己生气。"

想想也是，很多时候，我们往往是去寻找快乐，结果本末倒置，惹了一身气。不如别人时，会心生嫉妒，失去从容；发生意外时，会心生慌张，失去镇定；痛失亲人时，会失去理智，心生绝望。

很多时候，我们没有学会从另外一个角度去设想，失去从容只会令自己更加不如别人，失去镇定，只能使事物更加走向反面。心生绝望，于事无补，幸福才是所有人的愿望。

心如莲花开。生活着，美好着。

心是快乐的根

时不时地有网友这样问我："你快乐吗？"我总是毫不犹豫地回答："我很快乐。""你很幸福是吗？""是的，我很幸福。""那你能告诉我幸福是什么？快乐又是什么吗？""心是快乐之根，幸福只是一种感觉，无法用言语来表达。"这时他们会发来惊讶的表情说："你怎么说话有点像不食人间烟火的那种人啊，是真快乐还是伪装的呀？"我无语，发个微笑的表情回应。

其实大道理我也不懂，也说不明白，我记得曾看过一篇《快乐藤的传说》，虽然看过很久了可我对那篇文章记忆犹新。据说，在终南山一带长着一种特殊的植物——快乐藤，任何人得到这种藤后，都会喜形于色，笑逐颜开，不知道烦恼为何物。

为了获得快乐，曾有一位年轻人不惜跋涉千山万水来到终南山，在历尽千辛万苦的搜寻后，他终于得到了这根藤，但结果并非像传说中的那样——他仍然不快乐。

这天晚上，他在山下的一位老人家里借宿，面对皎洁的月光，不由长吁短叹起来。

他问老人："我已经得到了快乐藤，为什么却仍然不快乐呢？"

老人一听乐了，说："其实快乐藤并非终南山才有，而是人人心中都有。只要你有快乐根，无论走到天涯海角都能够得到快乐。"

老人的话让年轻人耳目一新，他又问："什么是快乐的根？"

老人说："心是快乐的根。"

年轻人恍然大悟，最后笑了。

是啊！人生一世，草木一秋，能够快快乐乐、开开心心地过一生，相信这是每个人心中的一个梦。但是要如何才能求得快乐呢？"心是快乐之根"，说得多好！

雨果说："世界上最宽阔的是海洋，比海洋更宽阔的是天空，比天空更宽广的是人的心灵。"人心浩瀚，可以容纳许多许多，但如果我们的心灵总是被自私、贪婪、卑鄙、懒惰所笼罩，无论你是富甲天下还是位及至尊，也不可能求得快乐。但如果我们的心灵能不断得到坚韧、顽强、刻苦、纯朴之泉的灌溉，无论我们是一贫如洗位卑如蚁都可以求得快乐。

人生如水，去日苦多，在短短的人生之旅中，人人都有所求。有的人求子孙满堂，即得满足；有的人求福如东海，深感幸福；有的人求无上智慧，最是得意；有的人求万事如意，甚为欢喜。如果就表面来看，他们所求各不相同，但万涓细流，汇聚成海，归根结底，他们所求的是一份快乐的心境。

我没有华丽的别墅，没有名贵的豪车，没有显赫的地位，而我却拥有一份快乐的心境，一个温馨的家；我没有家财万贯，穿金戴银，却拥有着和睦礼让，互敬互爱的兄弟姐妹。爱弥漫在家的每个角落，尽管出生在普通的家庭，平凡的父母一直教导我们：勤勤恳恳做事，踏踏实实做人。

我很渺小，但我有我存在的价值，我很普通。而我的心灵却满载着生活的温情与人生的快乐。朋友，敞开你的胸怀吧，你会发现，你也会像我一样，拥有无边的快乐与幸福。

选择自己的生活

大姐昨晚打来电话，声音和情感都不能更丰沛了，她说她在发展比较好的郊区买了一套三居室的房子。

我的姐姐和姐夫相恋7年。在酒店做厨师的姐夫个子不高，也不白净，但我姐姐却是远近闻名的大美女，再加上那时候姐夫无车无房，所以母亲和亲戚朋友都不答应他们的婚事。直到两年前，两个人偷偷领了结婚证，家里人才不再阻拦，但又警告姐姐：嫁了那么不出众的小子，苦日子有你过的。

苦日子果然没迟到一天。两个人刚结婚时租的房子只有一张床，我每次去看小外甥的时候都要睡在地上。我问她：你们两人的收入也还不赖，不够买房，但租一所体面的房子倒是绝对不难啊。

她说：孩子还不到上学的年龄，趁着年轻过几年苦日子，也有奋斗的目标，等攒够了钱好去付个首付，还要是学区房呢！

一晃两年过去了，小两口先是买了一辆国产车，也经常在闲暇的时候带着我母亲去自驾游耍，母亲高兴的时候又会说姐姐是个好命，惹得大家一阵哄笑。

终于，昨天姐姐告诉我他们买了自己的房子，还是三居室。我知道她选择郊区的原因：开发区的房子便宜不说，还配了公幼，省下来的一笔钱又可以用来装修和备不时之需。

我时常记得大姐的一句话：选自己的生活一定要选不完美的，这样在日子里才能和爱人齐心地填补。

幸福是在茅房里喝汽水

我小时候对汽水有一种特别奇妙的向往，原因不在汽水有多么好喝，而是由于喝不到汽水。我们家是有几十口人的大家族，小孩儿依序排行就有18个之多，记忆里东西仿佛永远不够吃，更别说喝汽水了。

喝汽水的时机有三种，一种是喜庆宴会，一种是过年的年夜饭，一种是庙会节庆。即使有汽水，也总是不够喝。到要喝汽水时好像进行一个隆重的仪式，18个杯子在桌上排成一列，依序各倒半杯，几乎喝一口就光了，然后大家舔舔嘴唇，觉得汽水的滋味真是鲜美。

有一回，我走在街上的时候，看到一个孩子喝饱了汽水，站在屋檐下怄气，哦——长长的一声。我站在旁边简直看呆了，羡慕得要死掉，忍不住忧伤地自问道：什么时候我才能喝汽水喝到饱？什么时候才能喝汽水喝到怄气？因为到读小学的时候，我还没尝过喝汽水到怄气的滋味，心想，能喝汽水喝到把气怄出来，不知道是何等幸福的事。

在小学三年级的时候，有一位堂兄快结婚了，我在他结婚的前一晚竟辗转反侧地失眠了。我躺在床上暗暗地发愿：明天一定要把汽水喝到饱，至少喝到怄气。

第二天我一直在庭院前窥探，看汽水送来了没有。到上午9点多，看到杂货店的人送来几大箱的汽水，堆叠在一处。我飞也似的跑过去，提了两大瓶的黑松汽水，就往茅房跑去。彼时农村的厕所都盖在远离住屋的几十米之外，有一个大粪坑，几星期才清理一次，我们小孩子平时很少进茅房的，卫生问题通常是就地解决，因为里面实在太臭了。但是那一天我早计划好要在里面喝汽水，那是家里唯一隐秘的地方。

我把茅房的门反锁，接着打开两瓶汽水，然后以一种虔诚的心情，把汽水咕嘟咕嘟地往嘴里灌，一瓶汽水一会儿就喝光了。几乎一刻也不停地，我把第二瓶汽水也灌进口中。

我的肚子整个胀起来，我安静地坐在茅房地板上，等待着饱气。慢慢地，肚子有了动静，一股沛然莫之能御的气翻涌出来，哦——汽水的气从口鼻冒了出来，冒得我满眼都是泪水，我长长地叹了一口气："这个世界上再也没有比喝汽水喝到饱气更幸福的事了吧！"然后朝圣一般打开茅房的木栓，走出来，发现阳光是那么温暖明亮，好像从天上回到了人间。

在茅房喝汽水的时候，我忘记了茅房的臭味，忘记了人间的烦恼，觉得自己是世上最幸福的人。一直到今天我还记得那年叹息的情景，当我重复地说："这个世界上再也没有比喝汽水喝到饱气更幸福的事了吧！"心里百感交集，眼泪忍不住就要落下来。

贫困的岁月里，人也能感受到某些深刻的幸福，像我常记得添一碗热腾腾的白饭，浇一匙猪油、一匙酱油，坐在"户定"（厅门的石阶）前细细品味猪油拌饭的芳香，那每一粒米都充满了幸福的香气。

有时这种幸福不是来自食物，而来自自由自在地在田园中徜徉了一个下午。有时幸福来自看到萝卜田里留下来的做种的萝卜开出一片宝蓝色的花。有时幸福来自家里的大狗突然生出一窝颜色都不一样的毛茸茸的小狗。生命原来不在于人的环境、人的地位、人所能享受的物质，而在于人的心灵如何与生活对应。

因此，幸福不是由外在事物决定的，贫困者有贫困者的幸福，富有者有其幸福，位尊权贵者有其幸福，身份卑微者也自有其幸福。在生命里，人人都是有笑有泪；在生活中，人人都有幸福与烦恼，这是人间世界真实的相貌。

此刻，我很富有

此刻，
这片天空是属于我的，
天空中除了一小片白云，
连个鸟儿的影子也没有，
没人跟我争，
我此刻很富有。

此刻，我很富有

晚饭后到公园散步，与一高中同学不期而遇。如果不是他叫出了我的名字，我是绝认不出他的，毕竟三十多年不见了，他已由青葱少年，变成了胖胖的秃顶中年。几番寒暄之后，我们俩有一搭没一搭地边走边聊。

"呀，没想到七点钟了。"他突然伸着右手故作惊讶状。七点就七点吧，面对他的吃惊，我丝毫无反应。

"我这表是纯手工制作的，镶的都是昂贵的非洲钻，全世界只有二十多块，是限量版。"老同学的话让我立即明白了，他的用意不在时间而在手表。也是，戴着这么好的手表不让人分享欣赏一下也的确可惜了。"富而无炫无异于艳装没于暗夜。"古人说得有道理。我于是识趣地凑前看了看。

老同学用英语念出了表的牌子，不无自得地说："干我这行，必须有名牌做行头，否则别人瞧不起。"我表示同意，象征性地啧啧了一番，但与同学聊天的兴趣索然失去，因为，我担心他再伸着脚说皮鞋的牌子，说了我也不知道，也不感兴趣。

"你知道帝豪家苑现在多少钱一平吗？"老同学自问自答地说："两万多啊！我在那儿购进了三套复式房。"

我装模作样地露出了羡慕的表情，弱弱地问："你能住得过来吗？"

同学哈哈笑了一通，没回答我的问题，接着说："可叹的是，只有五十年产权，商业用地。唉！"

正说着，同学又抬腕看了一眼手表，急匆匆地告辞了。

与同学挥手的同时，我突然想起了2400年前黑海边上的住着的那个可爱的老头——"犬儒主义"哲人第欧根尼。在那没有名表、没有豪车、没有高档住房的时代里，他生活得天马行空、自由自在。第欧根尼的全部家当就是一根当要饭棍用的橄榄枝，一件破旧的袍子，一个喝水吃饭的杯子，还有一床单薄的被子。作为名流，他本来可以很有钱，可以过着锦衣美食的生活，但他统统不要，他甚至时常睡在郊外的酒桶里，睡醒就数星星。一天，第欧根尼看到一个小孩用双手捧起水喝，他于是扔掉了杯子，并高兴地说："这个孩子教育了我。原来，喝水可以不用杯子。"

我不知道第欧根尼如果生活在名缰利锁的今天，还会不会过那种"犬儒主义"式的简朴生活，如果第欧根尼在现代红尘里兜兜转转久了，会不会被浮华喧嚣所惑，但我知道，"犬儒主义"的实践者至今还大有人在，这不能不让人感叹生活的丰富多彩。

面对生活，第欧根尼也罢，老同学也罢，都认为自己是生活的富有者，这不能不引发人们对"富有"一词内涵的理解。其实，富有真的不是金钱概念，而是灵魂和身体的概念。你的灵魂是安宁的吗？你的身体是属于自己的吗？你学会放弃那些不属于自己的东西了吗？在从生到死的征程里，每个人都应该用这三个问题问问自己。我不知道老同学生活得是否快乐安宁，但我知道第欧根尼每天都快乐无比，充实无比。他不为形役，不为物役，甚至不为自己内心所役。

我在脚下的公园里待了一小时，在这一小时里，公园是属于我的。我抬头看天，此刻，这片天空是属于我的，天空中除了一小片白云，连个鸟儿的影子也没有，没人跟我争，我此刻很富有。

春天的使者

　　丽日春光蝶翩翩，飞入蚕花寻不见。蚕豆花紫白色的两片外瓣，托着白中带黑的内瓣，如蝴蝶的翅膀。一阵微风，蚕花颤动，蝶还是花？让人难以分辨。

　　可在我看来，蚕豆花白瓣中的那块圆黑，哪是什么蝶翅，分明是黑眸，是蚕豆的眼，一双窥春的眼。

　　你再细看，黑眸的上方丝丝黑纹，如根根睫毛，让人感觉蚕花更似京戏旦角的蚕眉杏眼，煞是好看。明人李时珍在《食物本草》中讲到蚕豆名称的缘起：豆荚状如老蚕，故名。这样一说，荚如蚕，蚕如眉，那么"花如眼"也就不是什么离奇的比喻了。

　　反正我在地头上看见蚕豆花时，第一印象就是蚕秆上探出一双双窥春的眼，我在看它，它也在看我，对视之后我竟有了心虚的感觉，就像做错事的孩子被那一种眼光逼视着，不得不扭过头去。我甚至想到蚕豆花是不是一个护春使者，看看谁在享受着无边春光时，还掐苗折枝的。我不由得将手中的一枝杜鹃花随手扔在地上。此时我想到"有花堪折直须折，莫待无花空折枝"，只不过是对自私者的怂恿。践春、伤春是人们将美的东西撕毁给人看的悲剧。花在枝头，承接雨露，自然坠落，泽被其后。无花就无果，植物嫩果莫不是吮尽花汁而生，当花的生命走到尽头，果子就挂满枝头。花落果成，死与生有时就是那么的无情又有意。

　　蚕豆花也是一样，它一天天干瘪萎缩，就像日益老去的人的眼睛，慢慢变得浑浊无光，慢慢地眯成缝，慢慢地合上。也如一个清醒的高僧大德，打坐念经，平静地算着自己的归期，最后终于立地成佛。

　　对了，蚕豆还有一个名字，叫"佛豆"。我不知道古人是如何将蚕豆与佛进行了勾连，但古人为了延寿，常借蚕豆举行佛事活动——拣佛豆。《红楼梦》记载，贾母叫两个姑子替她拣佛豆，借以积寿，连日来还叫尤氏、凤姐、宝玉等帮着拣。"洗了手点上香，捧过一升豆子来，两个姑子先念了佛偈，然后一个一个地拣在一个簸箩内，每拣一个念一声佛。煮熟后，令人在十字街结寿缘。"

想不到蚕豆还有如此好的善缘。这不能不讲我与蚕豆的特别缘分了。我喜欢蚕豆甚于所有的零食，每到新鲜蚕豆上市，家中餐餐必有。我吃蚕豆的癖好是皮不得除去，将蚕豆洗净，加点油，加点五香作料，放在锅中焖熟即食。一般情况下，没等妻子把菜烧好，一盘蚕豆连皮带肉早入我的腹中。平时家中零食，缺少什么都行，就是不得缺少干炒的蚕豆，而且越是原味越好，越是坚硬越好。

我不知道我为何如此青睐蚕豆，是生命体中的某种需要，还是小时的儿歌"哥哥哥哥，割麦插禾，蚕豆好吃，哪来许多"的无形暗示。反正我觉得蚕豆好吃，嚼着它，满口生香。

这样看来蚕豆是有善缘的，不然人们就不会"借豆行善"，我也不会爱得"舍豆其谁"了。除此之外，蚕豆还有灵性的，不然道家仙人就不会有"撒豆成兵"一说了。蚕豆也是温暖的，不然人们就不会用"灯火如豆"来做喻了。

我爱蚕豆，对蚕豆花有一种本能的敬意，我把她当成一个能与春天交流的使者。从她那黑色的眼睛里我读出春天的柔情，读出了未来的期冀。我看着她，心生歉意；她看着我，默然无语。我在心里窃窃地说，对不起，你在奉献，我在索取。

此刻即幸福

去探望一位生病的友人，聊起很多从前的事情，计划很多未来的事情，她忽然发问：对于你来说，幸福的时刻是什么？

想了半天，竟然没有一个很适合的答案。

那阵子，经常携带这个难题去和人打交道，不管是新朋还是故友，聊到酣畅总是抛出这个问题冷场，当然，收获的答案也是五花八门——有人说，幸福的时刻就是加官晋爵时买房购车后身体无恙；有人说最幸福的时刻就是父母双全爱人平安孩子快乐领导待见粉丝忠诚仇人遭谴……

都对，但都打动不了我。

直到有一天陪朋友去见一位来自中国台湾的朋友，朋友说：他的人和他的文章一样禅意幽深。

茶过三道，我忍不住继续兜售这个问题时，他微笑着给我一个意想不到的答案：

过去的事情来不及衡量是否幸福，将来的事情没必要揣测是不是幸福，所以，在你问我这个问题的时候，我能想到的幸福，就是用心享受面前的好茶，让此刻愉快的感觉更醇厚，而面前与我谈新叙旧的你们更是我的幸福之源。

我终于领会到了何谓醍醐灌顶。

生活中似乎有太多可以论证他这番话的例子。

曾经去国外参加文化交流，花了很多钱买过一件非常漂亮的衣服，因为太喜欢，所以舍不得穿，除非参加什么重要的会议，或者出席需要表示自己诚意的场合时才上身。使用率太低，慢慢地也就忘记了自己有这样一件衣服。换季整理衣柜时，才想起自己原来有过这样一件衣服，因为躲过了水洗日晒的蹉跎，它依旧崭新笔挺，但是款式已经过时，讪讪自责地把它小心包好继续收进柜底，回味起当初对它的喜欢，忍不住感叹那些快乐都成了落花流水。

很年轻很年轻的时候，也曾经喜欢什么人，一点一滴，一颦一笑都让我有无尽的话想要表达想要歌颂。但总是怯于启齿，小心翼翼把那些心事静静地窝在心里，折叠得整整齐齐，幻想着总有一天，会勇敢地站在他的面前扑啦啦地全部抖开。等啊等啊，最终这些情愫就像一粒种在晒不到太阳缺乏雨露的泥土里的种子，只能腐烂在密不透风的土壤里。

我们都太喜欢等，固执地相信等待是永远没有错的，美好的岁月就这样被一个又一个遗憾消耗掉了。

没有在最喜欢的时候穿上美丽的衣服，没有在最纯粹的时候把这种纯粹表达出来，没有在最看重的时候去做想做的事情，以为将来会收获丰硕，结果全都变成小而涩的果。

品尝这种酸涩时，我们唯一能做的就是自责：如果当初能多穿几次那件衣服，如果当初我有足够的勇气对他说……那会是多么幸福。

生命中的任何事物都有保鲜期，那些美好的愿望如果只能珍重地供奉在理想的桌台上，那么只能让它在岁月里积满灰尘。

当我们在此刻感觉到含在口中的酸楚，也就应该在此刻珍重，身上衣、眼前人的幸福。

边看风景边等待

儿子喜欢折纸，我给他买了一本《折纸大全》。没事的时候，他就比照着折折叠叠的。

儿子总捡自己喜欢的折。上个周末，儿子跪在沙发旁折"绽放的玫瑰"。他按着书上写的一步一步操作得很顺利，到最后翻转时却卡了壳。

我说，先从前面简单的折起，应该有翻转的说明。对我的话，儿子很是不屑，径自一遍一遍地折了拆，拆了折。仍然不成功，儿子忍无可忍，噌的一声，纸玫瑰凋落，一半在沙发这头，一半在沙发那头。

看着儿子气嘟嘟的小脸，我走过去，牵起他的手说，走，咱们去公园玩儿。儿子听了，高兴得又蹦又跳。

春天的公园，郁郁葱葱，姹紫嫣红。树上的鸟儿、叽喳，嘀啾，好不热闹。上次和儿子来，早春，整个园子仍然寂静，荒芜。我对儿子说，知道这扑扑拉拉的花红柳绿怎么来的吗？

儿子摇头。于是我给他讲了种子发芽，出土，生长，绽放的过程。同时告诉他，这个过程，需要漫长的等待。儿子似懂非懂地"噢"了一声。

蜿蜒的鹅卵石小路上，飘荡着蝴蝶兰的香味儿。旁边的长椅里，一个孕妇被埋在明晃晃的阳光里，眯着眼，两只手叠放在隆起的肚子上，时而，轻轻摩挲，红嘟嘟的嘴唇翕翕张张。儿子望着她说，妈妈，阿姨跟谁说话？

这时，孕妇抬起那双似喜非喜含情目，有些许娇羞地对儿子说："阿姨在跟肚子里的宝宝说话呀。"说完，又低头抚摸她的宝宝。我怕儿子再说些不着调的话，一边拉着他走，一边说，每个妈妈都要经过十个月的辛苦孕育和等待，才能和自己的宝宝见面。我摩挲一下儿子的头发，接着说，可这样的等待，充满希望，是幸福的。

儿子忽而挣脱我的手，跑向前面的小河。岸边，坐着一个垂钓的老人。

每年暑假，我总让儿子回农村的老家住几天。每次回城，儿子总是满怀兴奋地期盼下一个暑假，好让母亲再带他去村西的小河里捞鱼。

老人看见蹲在旁边的儿子，笑哈哈地抚抚他的头。一老一少，看上去，仿佛祖孙。老人眯着眼，一副悠然自得的样子。儿子则不停地问这问那，但问得最多的是，鱼儿怎么还不上钩？老人说，如果它们都那么快上钩，我就得早早扛着桶回家了，怎么还能坐在这里看水，看风，看天空？

我轻轻走过去，老人扭头看了我一眼，笑笑，接着说，小子，从前我和你一样，每次钓鱼，心倒先被鱼儿钓了去，悬得难受。我一次一次地朝外拉鱼钩，可越是心急，鱼就越是不上钩，有时一天都钓不到一条。自从看了姜子牙钓鱼的故事后，我就学精了，我只钓鱼儿，而不让鱼儿钓我。一边看风景，一边慢慢等待。还别说，从那以后，我钓的鱼儿越来越多，越来越大……

话音未落，老人抓起鱼竿猛地用力向上一挑，一条几十厘米长的大鱼跃出水面，在鱼钩上摇头摆尾。儿子高兴得跳起来，一边喊，钓到了！钓到了！

老人把鱼放到旁边的小桶里，弄了弄鱼线，重新把鱼竿放进绿幽幽的深水里。儿子仍然蹲在一边看，却不再问这问那，一副若有所思的模样儿。

回家的路上，儿子突然说，妈妈，我要从第一页学起。

我知道，儿子说的是折纸。我欣慰地笑了，因为他终于明白一个道理：静心等待绽放。

读懂最美的花朵

有一次，去草原参加某杂志社举办的笔会。文友们都很年轻，一进草原，便都欢呼雀跃着骑马去了。那天，我身体不大舒服，便找了一块石头坐下来，看着众人纵马远行。

忽然，我看到不远处的草地上，蹲着一个红衣女子，正全神贯注地看着什么。我慢慢走到她跟前，在她身后站了好几分钟了，她都没有注意到我。

我问写得一手锦绣文章的她："是什么东西，让你这么痴迷？"

她一愣，轻声告诉我："是一朵小花，蓝色的，不知它的名字。"

"就为一朵无名的小花，你蹲在这里这么长时间？"我有些惊讶。

"是啊，我好像读懂了它的心事。"她语气里透着一缕欢欣。

"读懂了一朵花的心事？"我不禁敬佩她的敏感和睿智。

"是的，我在看着它，它也在看我，我懂得它的心事，相信它也懂我的心事。"她一语平淡里，透着坚定的自信。

蓝天白云下的大草原上，辽阔无际，那么多的风景，引人入胜。她却偏偏迷恋上了一朵毫不起眼的小花，就像童话里的一个公主，莫名其妙地恋上了那个似乎一无所有的穷小子。

"你怎么会痴迷于一朵无用的小花？"我还是有些困惑。

"谁说这朵小花无用？和它温柔地对视，我感觉到了大地的恩宠，看到了生命的孤独、坚韧和顽强，联想到了许多人的经历，获得了许多平素没有的感悟……"她立刻反驳我。

"原来，这一朵不起眼的小花，还有这么大的用处。"我从她的话中也突然想到了某些新奇的颖悟。

从此，每当我感觉孤独和落寞的时候，我总会想起那个聚精会神的赏花的作者，想起她的赠言："请你读懂一朵花！"

这时，我的胸中立刻似有清风徐徐，似有花香缕缕。原来，世间许多似乎与自己不相关的事物，其实都与自己有着密切的关联。俯下身来，细细打量，慢慢品味，就会发现彼此竟可以心有灵犀，可以脉脉含情，还可以侃侃而谈。

一位种了50年庄稼的老农，曾饱含深情地告诉我："其实，每一颗种子都讲义气，每一株庄稼都重感情。"所以，深秋时节，他喜欢一个人坐在收割后的田埂上，默默地望着开始休憩的土地，任绵绵的思绪，顺着那些放倒的秸秆，恣意地向四处漫溢，直到很远很远。

我认为这位老农是一位十分优秀的诗人，因为他心细如丝，善于静观默察，懂得土地的心思，明白庄稼的感情。我相信他的心柔软而温暖，相信他的劳作一定是欢愉的，他的收获也一定是丰盈的。

那天，在课堂上为学生朗读李琦的诗歌《大雪洁白》，当读到"大雪洁白/洁白得让人心生难过/这雪花一朵紧跟一朵/就像冬天张口说话了/一句一句/轻到最轻/竟然是重"，教室内静寂无声，仿佛一朵朵洁白的雪花，正在眼前飘舞着。那一刻，我的眼睛是湿润的，我看到许多同学的眸子里，动着晶莹的光亮。

是的，我们跟着诗人李琦一同读懂了那些人世间最柔美的花朵，知道那些轻盈飘落的花朵，有着怎样神奇无比的力量，叫人不由自主地心生敬意。

读书的幸福

坐火车到远方上大学时，我记得当时自己带了两个大书包：一包是衣服和日常用品，还有一包是最心爱的书籍。一个人独行，似乎有这些书依偎在身边就有了守候，就不再孤单。

不知从何时起，读书不仅成了我的一种学习方式，还顽固地成为我的一种生活方式。大学四年，每天早晨我下楼跑步，总要带上一本书。我坚定地认为，朝霞中，站立在校园花丛或树木旁边看书的女孩，一定很有雕塑感，一定让旁观者觉得很美好。就是这种虚荣心，让我的大学四年的清晨，几乎都与书相伴。

我们宿舍住着四个人，每个人都有一个小书桌，墙上有个小书架。我的书架上，密密麻麻摆满了书，床上、枕边除了有台灯，一般也会放上两三本睡前要看的书。我发现读书是安静的夜晚最享受的一件事情，《平凡的世界》《麦田守望者》《围城》《泰戈尔诗选》等等，那种由着性子来、无功利的阅读，日日夜夜给我滋养——因为热爱阅读，比起很多同龄人来，我特别自信，也特别富有。而这富有的全部就来源于阅读的满足感。

一次，我踏进了校园后街的书店，突然发现《顾准日记》，于是把带在身上的钱全部掏出来买了书。并且算计得如此精准，居然一分钱都不剩。回到我所在的校区时，连一块钱的公共汽车费都没有，只好在夜里一步一步走回去。

读过许多有力的文字，我一直被这样一句所震撼："人如其所读"，这是塞缪尔·斯迈尔斯在《自助》一书中的一句话。我深以为然。也同时让我明白，读书，除了获得虚荣和人生所需要的种种实惠之外，其实还是一件庄严的事情。"我是谁？"当我们在此面对这个古老的哲学命题时，其实可以这样给出答案：我是我所读。

因为在我看来，读书从来不是一件静止的事情，从基督到孔子，从莎士比亚到托尔斯泰，从卢梭到伏尔泰，从爱因斯坦到鲁迅，人类文化史上的著名人物都能在文字里一一复活，与你交换思想，传递眼神，让你感动。读书所能给我们的幸福是一种纯洁而又廉价的幸福。它不需要100平方米的客厅，不需要紫檀木的写字台，一个舒服的沙发就构成了一个富有的天地。我坚信，没有书籍，没有阅读，独属于自己的那颗敏感而脆弱的心灵就没有地方安置，就没有真正的幸福感。

等一棵草开花

朋友去远方，把他在山中的庭院交给我留守。朋友是个勤快人，院子里常常打扫得干干净净寸草不生。而我却很懒，除了偶尔扫一下被风吹进来的落叶，那些破土而出的草芽我却从不去拔。初春时，在院子左侧的石凳旁冒出了几簇绿绿的芽尖，叶子嫩嫩的、薄薄的，我以为是汪汪狗或芨芨草呢，也没有去理会，直到20多天后，它们的叶子又薄又长，像是院外林间里幽幽的野兰。

暮夏时，那草果然开花了，五瓣的小花氤氲着一缕缕的幽香，花形如林地里那些兰花一样，只不过它是蜡黄的，不像林地里的那些野兰，花朵是紫色或褐红的。我采撷了它的一朵花和几片叶子，下山去找一位研究植物的朋友，朋友兴奋地说："这是兰花的一个稀有品种，许多人穷尽一生都很难找到它，如果在城市的花市上，这种腊兰一棵至少价值万余元。"

"腊兰？"我亦愣然。

夜里，我就打电话把这个喜讯告诉了朋友。"腊兰？一棵就价值万元？就长在院子里的石凳旁？"朋友一听很吃惊。过了一会儿他告诉我其实那株腊兰每年春天都要破土而出的，只是他以为不过是一株普通的野草而已，每年春天它的芽尖刚出土就被他拔掉了。朋友叹息说："我几乎毁掉一种奇花啊，如果我能耐心地等它开花，那么几年前我就能发现它了。"

是的，我们谁没有错过自己人生中的几株腊兰呢？我们总是盲目地拔掉那些还没有来得及开花的野草，没有给予它们开花结果证明它们自己价值的时间，使许多原本珍奇的"腊兰"同我们失之交臂了。

给每一棵草开花的时间，给每一个人证明自己价值的机会，不要盲目地夫拔掉一棵草，不要草率地夫否定一个人，那么，我们将会得到多少人生的"腊兰"啊！

给小草让路

真的没料到那条铺满砂石的小路上也会长出青葱一样的小草来。

清明前夜，草原上落了一场雪。不厚，刚刚染白远处的山头。只是阳光才一露面，近处的山坡和田野里就已融化成斑驳的写意，雪水混着泥土的味道直往人的鼻腔里扑，清新得要命。若能闻见青草味儿，该有多好！我贪婪地吸着鼻子。才动了这个念头，就见脚下的石头缝里冒出一丛丛的小草。蹲下身子往前瞅时，竟发现绿意已铺满眼前的小路。且那绿意刚被春雪漂洗过，新鲜而蓬勃的样子让人欣喜不已。这一发现让我原本大大咧咧的脚步变得谨慎和小心起来——我怕因踩到石头而碰掉那一丛丛让人心跳的绿色。

对于阳光稀薄高寒缺氧的草原，这样洁净新鲜的绿，该是何等的弥足珍贵！

拐来拐去得像瘸子一样在石头路上行走，心里却充盈着饱满得快要溢出来的喜悦。

再也不用自作聪明地搬掉这些冰冷的石头为小草助长了！

大约是八九岁时的事情吧，也是这样雨雪交融、春暖花开的季节，我和妹妹一放学便跑去田埂边捡石头，为的是解救那些被石头压歪了身子的小草。孩子的心是简单透明的，并不是有多少善良的成分，就只知道让那些小草长大了，我们才有野花可摘，才有草莓可以吃，才能有绿草如茵的田野供我们嬉闹玩耍释放快乐——束缚了整整一个冬季的童心啊。于是我们盼着"七九河升八九雁来"，一遍又一遍地追问母亲什么时候才能"九九加一九耕牛遍地走"。终于等到小草发芽，却发现庄稼地里的石头被清理到了田埂上，那些刚刚冒出地面的小草被挤压得东倒西歪又瘦弱不堪！于是我和妹妹放学后的头等大事不再是写作业，也不再贪玩跳绳踢毽子。像哨兵巡逻一般，我们奔忙于一条条春意染绿的田埂乐此不疲地捡石头、挪石头、搬石头，然后将一棵棵压歪挤倒的小草扶起来，给它们道歉并叮嘱它们快快长大。当时心里汹涌的那个成就感啊，都快要淹没整个人。小辫儿散了，顾不上扎；裤腿、鞋子上沾满了尘土和泥巴也不知道清理一下；手被石头蹭破了皮，但我们竟都没有哭鼻子。妹妹像是我的不跟屁虫，每次，搬完石头后都用其崇拜的眼神瞅着我笑。但后来的事却让我们笑不出来了，因为被我们解救过的小草竟有大部分枯萎而死。那样的结果实在是让我们傻了眼，我和妹妹跌坐在绿意渐浓的田埂上，委屈得直想哭。后来，妹妹反目，不再相信和崇拜我，并向母亲如实汇报了我们的行动及结果。我以为母亲会发脾气，会恼我。但没有，她当时只说了一句：正做（zu）的不做，茶里面调醋后。后来又说，你不要看石头硬邦邦的，它会自动给小草让路。你没看见石头缝里的草一样长得很旺盛吗？啥有啥的规矩呢，你搬走石头，小草没了依靠，不死才怪！

　　"石头会给小草让路……"只有小学二年有文化的母亲、整日劳作于庄稼地里的母亲，竟说出了这样诗意天然的话来！在母亲心里，石头一定是柔软的而听话的孩子。

　　自那以后，每看到被石头压着的小草，我也会满心喜悦地绕开。因为，那些听话的孩子会给小草让路。

花店里的幸福草

　　校园里有一个花店，很小，只有一个员工，是个20岁的女孩子，我没有问过她的名字，但我喜欢叫她叶子，因为每每在窗外瞥见，她总是隐在一丛丛馥郁的花里，白的、蓝的、粉的、紫的，而她，则似那翩翩一叶，风吹过的时候，温柔地抚着每一片花瓣。

　　叶子是那种素朴到无人会去关注的女孩。有人买花，进门，总是先四下张望片刻，才会在绚烂的花丛里，瞥见她瘦瘦的背影。来者大多是男孩，为了爱情，所以他们的视线，从来不会落在朴质的叶子身上。他们常常催促说，可以快点吗？我的女朋友在等着呢。叶子总是羞涩地抬头看男孩一眼，抿嘴一笑，轻声道：快了花儿会疼呢。男孩子们大约是不会认真听她的这句梦呓似的话，即便是听到了，也了无反应。他们只想急匆匆地付了钱，抱着花儿追赶爱情的飞鸟。

　　但叶子并不会计较他们的粗心，她在包完花后，总会温柔地目送他们离去，似乎，那花，从她的手中传递出去，便带了她的祝福和温度。她倚在碧绿的橱窗前，用手托着腮，看着那捧了大束玫瑰远去的男孩，唇角总会不由自主地微微上翘，笑了出来。我曾经问过她，你在笑什么呢？叶子总是红了脸，慌乱地去寻事做。我猜想，她是否，暂时地将自己想象成那收到玫瑰的女孩？

　　叶子最喜欢的，是幸福草，蓬生的一盆，在角落里，并不显眼。很少有人会注意到这样寂静不张扬的植物，甚至它的橘黄色的小花朵，不仔细，几乎会忽略掉。这种花并不好卖，店里总有大把的玫瑰、百合，唯独幸福草，只有那么几盆，孤零零的。

　　叶子却将幸福草视作珍宝。她说这种无须精心照料，便能活出一片喜悦天地来的花，像极了她自己。两年前她从安徽一个贫穷的山村里，来到北京，因为没有读过大学，工作四处碰壁，最终是这家花店的老板，看她做事稳妥，这才收留。薪水当然是不高，除去吃饭租房，每月她只能攒下很少的一点，寄回家去。就是这样一份没有多少人看得上的工作，叶子却做得有声有色。花店的玻璃橱窗，总被她擦得纤尘不染，路过的人，几乎可以看得到她劳碌时，额前沁着的细密汗珠。我问她这样日复一日地为别人送花，有没有累的时候？她便反问我说：天天都可以闻到花香，看到花朵绽放，有谁会累呢？

我的确不曾见过叶子有过疲惫，她永远都是花店里最精力充沛的那一株"幸福草"，小声哼着歌儿，是S.H.E的曲子，脚步轻盈地在一盆盆花之间穿梭来往，如果穿了裙子，她会小心翼翼地提起裙裾，似乎，怕碰疼了那些娇羞吐蕊的花瓣。常有顾客，在花丛间走来走去，将文竹的叶子，或者小小的雏菊，碰得哗啦啦响。每每此时，叶子总是心疼地恳求顾客，让他们轻一点，再轻一点。

叶子说，每一朵花，都是有生命的。白掌似一叶航行的帆船，绿萝总是在梦里泼墨似的将绿意倾泻而下，夕雾草是一往情深的女孩，跳舞兰是轻盈活泼的一泓泉水，尤加利永远活在蓝色的记忆里，三色堇是沉思的诗人，山茶花则是春天热烈奔放的女子……而幸福草呢，则是一个女孩子温柔的长发，埋进去深深嗅一下，有茉莉的浅香，让人沉迷流连。

我终于明白为何身边学电影的朋友，不管是拍摄纪录片还是剧情片，总会来这个花屋里取景。他们喜欢的，不只是这里美丽的花草，更是侍弄这些花草的主人，她站在其中，就像那一蓬蓬的幸福草，不说一个字，却用一抹纯净的注视和微笑，将世俗的一切嘈杂烦乱，悄无声息地，涤荡掉。

简单的幸福

幸福其实很简单，很简单就是幸福。

你刚走到小区门口，就被门卫大伯拦住了。他说你等等，老家捎东西来了。就这么一句话，温暖就淹没了你。无须看捎来了什么，捎东西给忙于奔波连个电话都没有打给老家的你，就是你在老家人心中的分量啊！

被亲人惦记，就是幸福。

走在老家的巷子里，突然被一个老太太拦住。她亲热地拉起你的手，满脸爱意和不舍。她说，多年没见了？还记得我抱你时，一天都不哭，从小就乖。泪水湿润了你的眼角，连你自己都一无所知的婴孩时期被活生生地铺展开来。

还有人给你提及温馨的往事，就是幸福。

他很疲惫地躺在沙发上，全身散架了般，觉得都没力气再挪动一下。你夹破了几个核桃放在他的跟前——核桃才上市，脆生生得好吃。他很小心，将整个核桃仁儿与坚硬的外壳完整地剥离开来。瞧，他还举着核桃仁儿得意地冲你一笑。下来呢，他小心地剥着核桃仁里面的那层薄薄的皮儿，直到白白的仁儿都露了出来。

呵呵，你很少看见他在吃上这么讲究，经常不剥里面的皮儿就吞了下去。你正疑惑，他的手已经举到了你的嘴边，亲爱的老婆大人，用个小膳吧。

很疲惫的他很用心地给你剥核桃，你被幸福淹没。

其实幸福还有很多种，不只是自己的快乐。

在街道的拐角，你看见了一个乡下老太太。她前面放着一个篮子，篮子里是一小把一小把扎得瓷瓷实实地青菜。一捆捆的青菜像是安安静静本本分分地躺在那儿，又像眼巴巴地单单等着谁疼爱自己将自己带回家。老人家的青菜虽然有点小，可看起来很鲜嫩。

其实你家里还有青菜，你根本不需要再买的。可你不忍错过老人期待的目光，这些可人乖巧的菜们，可以给朋友们送点。因为遇见了你，老人不用再坐在街角等人来飞翔，可以舒心地回家了。你觉得自己还是有能力让一个老人很快完成意愿的，你很开心，开心时的你就是幸福的。

让别人快乐一点，也是幸福。

清晨，大街上，放了几只空竹筐的三轮车旁站着一对夫妻。那男的，年轻的脸上尽是沧桑，女的看上去也有些憔悴。男的手里捧着塑料袋，里面有油条，煎饼，小笼包子。你听见那男的说着"老婆，都尝尝"就先撕下来一点油条塞进女人嘴里。

你觉得那个女人是幸福的，有人疼有人爱；那个男人也是幸福，他的爱有流淌的方向！你觉得自己更是幸福的，你看到了幸福在上演！

幸福是什么？

幸福其实真的很简单，就是你看见一个或经历一件事，很舒心。日后想起，也会嘴角翘起。

今天最开心的事

多年前，我曾遭遇情感重创，并为此大病一场。后来身体康复了，可内心对他的憎恨却越来越强烈。几乎每一天，我都会在心里痛骂他，骂他的冷酷，骂他的残忍，骂他的自私，骂他的无耻……理智上，我很清楚，对他的憎恨根本不能伤他分毫，相反地，每一次的憎恨都如同一把刀，从我的心上划过——心灵如果可以临水自照，一定会惊讶于自己的鲜血淋漓。

我决定拯救自己。试图将注意力转移。可要命的是，当我躺下要睡时，我又本能地恨起了他。直到那时我才知道，人心才是这个世界上最激烈的战场，而我必须将自己的心灵从憎恨中抢救出来……

偶然的一天，当我再次恨他时，我试着对自己说：想点别的吧，想想自己遇到的开心事。于是，我开始回想：初春的原野上，儿子高兴得翻起了跟头；多年未见的朋友去上海出差时，专门绕道前来看我，我们聊得异常尽兴；家里，母亲花了三四个小时，为我做了一桌好菜……我惊讶地发现，在他离我而去后，我的生活中竟然还有那么多的幸福；只是当我一味地憎恨他时，所有的幸福都被忽略了。渐渐地，我的心跳平稳下来，我的呼吸轻松下来；慢慢地，我睡着了。第二天起床时，我已是神清气爽——那是自他离去后，我睡得最香甜的一觉。

也就是从那天起，每晚临睡前，我都会回想一下自己一天的生活，然后将最开心的事情挑选出来：也许是读到渴盼已久的一本书，也许是结识倾慕多时的文友，也许是看到雪中绽放的一枝梅花，也许是听到细雨中的清脆鸟鸣……无论什么都让我感到，活着是一件多么美好的事情。事实上，即使在生命最黯淡的时候，一个人依然能够找到心灵的慰藉，从寒夜里的一团炉火，从黎明时的一缕曙光，从荒野上的一朵鲜花……

一天又一天，我总是问着自己同样的问题；而每一天，我都能得到满意的答案。那一个个答案，让我不知不觉中拥有了乐观、豁达而又平和的心境。拥有了这样的心境，每个晚上，我都能安然入梦。

让眉毛飞

眉毛对人并不是非常重要的。我之所以这么说，是因为人如果没有了眉毛，最大的变化只是可笑。脸上的其他器官，倘若没有了，后果都比这个损失严重得多。比如没有了眼睛，我说的不是瞎了，是干脆被取消了，那人脸的上半部变得没有缝隙，那就不是可笑能囊括的事，而是很可怕的灾难了。要是一个人没有鼻子，几乎近于不可思议，脸上没有了制高点，变得像面饼一样平整，多无聊呆板啊。要是没了嘴，脸的下半部就没有运动和开合，死板僵硬，人的众多表情也就没有了实施的场地，对于人类的损失，肯定是灾难性的。流传的相声里，有理发师捉弄顾客，问："你要不要眉毛啊？"顾客如果说要，他就把眉毛剃下来，交到顾客手里。如果顾客说不要呢，他也把顾客的眉毛剃下来，交到顾客手里。反正这双可怜的眉毛，在存心不良的理发师傅手下，是难逃被剃光的下场了。但是，理发师傅再捣蛋，也只敢在眉毛上做文章，他就不能问顾客："你要不要鼻子啊？"按照他的句式，再机灵的顾客，也是难逃鼻子被割下的厄运。但是，他不问。不是因为这个圈套不完美，而是因为即使顾客被套住了，他也无法操作。同理，脸上的眼睛和嘴巴，都不能这样处置。可见，只有眉毛，是面子上无足轻重的设备了。

但是，也不。比如我们形容一个人快乐，总要说他眉飞色舞，说一个男子英武，总要说他剑眉高耸；说一个女子俊俏，总要说她娥眉入鬓；说到待遇的不平等，总也忘不了"眉高眼低"这个词，还有柳眉倒竖、眉开眼笑、眉目传情、眉头一皱计上心来……哈，你看，几乎在人的喜怒哀乐里，都少不了眉毛的份。可见，这个平日只是替眼睛抵挡下汗水和风沙的眉毛，在人的情感词典里，真是占有不可忽视的位置呢。

我认识一位女子，相貌身材肤色连牙齿，哪里长得都美丽。但她对我说，因为自己的长相很自卑。我不由得又上上下下左左右右地将她打量了个遍，就差没变成一架B超仪器，将她的内脏也扫描一番。然后很失望地对她说，对不起啦，我实在找不到你有哪处不够标准；还请明示我。她一脸沮丧地对我说，这么明显的毛病你都看不出，你在说假话。你一定是怕我难受，故意装傻，不肯点破。好吧，我就告诉你，你看我的眉毛！

我这才凝神注意她的眉毛。很粗很黑很长，好似两把炭箭，从鼻根耸向发际……

我说，我知道那是你画了眉，所以也没放在心里。

女子说，你知道，我从小眉毛很淡，而且是半截的。民间有说法，说是半截眉毛的女孩会嫁得很远，而且一生不幸。我很为眉毛自卑。我用了很多方法，比如有人说天山上有一种药草，用它的汁液来画眉毛，眉毛就会长得像鸽子的羽毛一样光彩顺长，我试了又试，多年用下来，结果是眉毛没见得黑长，手指倒被那种药草染得变了颜色……因为我的眉毛，我变得自卑而胆怯，所有需要面试的工作，我都过不了关，我觉得所有考官都在直眉瞪眼地盯着我的眉毛……你看你看，直眉瞪眼这个词，本身就在强调眉毛啊……心里一慌，给人的印象就手足无措，回答问题也是语无伦次的，哪怕我的笔试成绩再好，也惨遭淘汰。失败的次数多了，我更没信心了。以后，我索性专找那些不必见人的工作，猫在家里。这样，就再也不会有人见到我的短短的、暗淡的眉毛了，我觉得安全了一些。虽然工作的薪水少，但眉毛让我低人一等，也就顾不了那么多了。

我吃惊道，两根短眉毛，就这样影响你一生吗？

她很决绝地说，是的，我只有拼力弥补。好在商家不断制造出优等的眉笔，我画眉的技术天下一流。每天，我都把自己真实的眉毛隐藏起来，人们看到的都是我精心画出的眉毛。不会有人看到我眉毛的本相。只有睡觉的时候，才暂时恢复原形。对于这个空当，我也做了准备，我设想好了，如果有一天我睡到半夜，突然被火警惊起，我一不会抢救我的财产，二不会慌不择路地跳楼，我要做的最重要的一件事，就是掏出眉笔，把我的眉毛妥妥帖帖地画好，再披上一条湿毛毯匆匆逃命……

我惊讶得说不出话来，然后是深切的痛。我再一次深深体会到，一个人如果不能心悦诚服地接受自己的外形，包括身体的所有细节，那会在心灵上造成多么锋利持久的伤害。如霜的凄凉，甚至覆盖一生。

至于这位走火也画眉的女子，由于她内心的倾斜，在平常的日子里，她的眉笔选择得过于黑了，她用的指力也过重了，眉毛画得太粗太浓，显出强调的夸张和滑稽的戏剧化了……她本想弥补天然的缺陷，但在过分补偿的心理作用下，即使用了最好的眉笔，用了漫长的时间精心布置，也未能达到她所预期的魅力，更不要谈她所渴望的信心了。

眉毛很重要。眉毛是我们脸上位置最高的饰物（假如不算沧桑之刃在我们的额头上镌刻的皱纹）。一对好的眉毛，也许在医学美容专家的研究中，会有着怎样的弧度怎样的密度怎样的长度怎样的色泽……但我想，眉毛最重要的功能，除了遮汗挡沙之外，是表达我们真实的心境。当我们自豪的时候，它如鹰隼般飞扬。当我们思索的时候，它有力地凝聚。当我们哀伤的时候，它如半旗低垂。当我们愤怒的时候，它扬眉剑出鞘……

假如有火警响起，我希望那个女子能够在生死关头，记住生命大于器官，携带自己天然的眉毛，从容求生。

我眉飞扬。不论在风中还是雨中，水中还是火中。

心中向往美好

公司里新来了一批员工，其中有两个年轻人大毛和小敏，他俩的情况差不多，都是大学刚毕业，没有实际工作经验，公司决定先试用三个月，看看他们能否适应工作。

他们开始工作了，每天东奔西跑去联系客户。他们做的是同样的工作，但是两个人的精神面貌却大不相同。

大毛整天乐呵呵的，问他为什么这么开心，他说：这家公司好，员工待遇高，有广阔的发展前景，我进了这家公司，再过几个月我就会成为它的正式员工了……呵呵，多美啊！同事们背地里笑他：还没有当上正式员工呢，他就先乐上了！

小敏每天则愁眉不展，好像有什么心事，问他，他说：听说公司的门槛很高，试用过后会不会录用我呢？要是不要我怎么办？多让人笑话啊！现在找工作这么难，我还能再去找什么工作呢？同事们也背地里笑他：还没有说不要他呢，他就先愁上了！

三个月过去了，大毛被录用了，欢天喜地成了公司的正式员工，而小敏未被录用，他又开始为找工作奔波、烦恼了。

公司是怎么评估他们的工作能力和业绩的，很多人不清楚，但是对于这个结果，大家却似乎早有预料：要想做好一件事情，首先必须有一个好心态，以小敏那样的心态，怎么能做好他的工作？

美国著名的成功学奠基人奥里森·斯韦特·马登说过："不要预言不幸，而要心向美好，拥有希望的人总是走在最前面。"

预言什么并不一定将来就会来什么，但它一定会影响你的心态，并进而影响事情的结局。

千万别小看了心态的作用，成功学大师拿破仑·希尔说过："一个人是否能够成功，关键在于心态。"

关于这点，中国也有一个很有趣的民间故事：两个秀才一同去赶考，路上遇到出殡的队伍，黑漆漆的棺材与他们擦身而过，其中一个以为撞了霉气，心头愁绪郁结闷闷不乐，结果名落孙山。另一个则暗自高兴，因为他觉得：棺材棺材，有官有财，是个好兆头，上了考场精神爽快文思泉涌，结果榜上有名。回来后两个秀才都说他们的预感很灵。

其实，棺材就是棺材，既不预兆倒霉，也与官、财无关，说到底，影响他们前程的，只是他们的心态。

好心态是人生的一大财富，拥有一个好心态，你才会有一个美好的未来。

尽情

美给自己看

无论身处何地，
无论日子是否顺意，
即便没有人欣赏，
那也要尽情地美给自己看。

爱需要等待

迁入新居后，年近不惑的妻子忽然爱上了养花。她说"花能净化空气""花能使人的心情愉快起来""家中有花就显得有生机"等等。

春分刚过，她就张罗着购买花盆，还拉着我和她一起上山去取土。她说，山上的土没有化学肥料，纯天然的，营养丰富，有利于花的生长。看着她满腔热忱的劲儿，我只好随她。

一天中午，妻子兴冲冲地载回两盆杜鹃花。她顾不上擦去脸上的汗珠，连忙将花移植到新买的花盆里。

眼下正是杜鹃花开放的时节，花市上摆满了各种颜色的杜鹃花：红的、白的、粉的、紫的，五彩缤纷，煞是好看。可我看妻子买回的这两盆花，形状虽好，却无花骨朵，就连花胎也没有。我看了半天，不禁疑惑地问妻："这花是不是不能开或者开过了呢？"妻子一边浇水一边说："我也不懂，卖花的那个人说'没开过'。"我想，卖花人会告诉你实话吗？肯定让花农给骗了。随即又问："卖花人没说什么时候开？"妻子不高兴地回答："今年不开来年开！""那就等着来年再买呗。"妻子缄默了。

妻子常常给花浇水、松土，精心侍弄着。有时，我也讨好地帮忙，就此观察着花的长势。一个多月过去了，杜鹃依然纹丝不动，寂寞无声，丝毫没有开花的迹象。眼看花期已过，我不免有些惆怅。看样了，真要等到来年才能看见盛开的杜鹃了。妻子似乎也相信了我说过的话。我见她时常拨弄着花叶寻找着什么，热情比当初削减了不少。

为了调节气氛，一日，我故意高兴地对她说："你的花真算买着了。我听人说，内行人买花不看花，而看枝叶。枝叶长得好，花朵肯定错不了。你看咱家这两盆杜鹃，虽然没有花，可枝叶多么旺盛啊！"妻子含情脉脉地瞅了我一眼，粲然地笑了。

以后的日子，妻子还坚持着给花浇点水，而我的热情却荡然无存。每天回到家里，就坐在沙发上看电视，再也懒得看它们一眼。时间一长，我竟熟视无睹，把它们给忘了。

光阴如小溪里的水，在指缝间不经意地流淌着。转瞬间，西风乍起，窗外的绿色世界开始渐渐变黄。一天，我刚进家门，妻子就兴奋地冲我说："咱家的杜鹃要开花了！"我感到很吃惊：怎么，这个时节也能开花？急忙跑到阳台上去看。可不，只见右边的那盆杜鹃，在阳面很不起眼的地方长出三个粉嘟嘟的花骨朵。"奇怪？我平时怎么没发现呢？"我边看边自语。妻子翘起小嘴，以揶揄的口吻说道："你没想到它会开花，你都多长时间没正眼瞅它了？养花应有耐心，爱也需要等待。"我的心不觉一颤：没想到，平时不善言辞的妻子能说出这番有哲理的话来。

是啊，每种花都有自己的季节：春兰、夏荷、秋菊、冬梅……每个季节里的花期也有差异，或早或迟。只要我们用心浇灌，是花总会开放。

生活中，我们做了许多事与愿违的傻事：耕耘了，就想立即收获；付出了，就想马上得报；奋斗了，就想迅速成功。结果是，性急吃不成热豆腐，欲速则不达。急功近利的思想使我们不能以平和的心态去耐心等待，常常在最接近成功的时候却放弃了。

生活亦如养花：人也如此，每个人都会成功，只是还没到自己盛开的季节。只要我们充满爱心去培育，不必寄希望于立竿见影，不必急求成，给自己也给别人一个充分孕育的时间——积累知识，聚集能量。等到了属于自己的季节，必然会像杜鹃一样开出灿烂美丽的花朵。

爱需要精心呵护，更需要等待。

灿烂的心灵阳光

昨日，表姐来我家做客，本应是欢喜的相聚，但听得最多的却是她的牢骚：单位与同事斗气，领导闹了别扭；家里老公不贴心吵嘴，孩子没考上好学校；刚买的股票又全部套住……唉，总之，没一件开心快乐的事情，这日子过得真没意思。

人生究竟有多少不如人意之处呢？面对喋喋不休而苦恼的表姐，我笑着相慰，要她忘了这些不愉快，不要再诉苦和发牢骚。同时回卧室拿来两本童年相册，一边让她观看，一边与她叙旧。相册一页一页地翻着，表姐脸色随之渐渐地柔和起来，心情慢慢地畅快起来，不一会儿脸上露出甜美的笑容。她说这让她想起了儿时天真与烂漫，想起那段无忧无虑的童年时光，言语中充满对那段光景的怀念。

有位作家说过："人，活一辈子不容易，忧伤是活，开心也是活，既然都是活，为什么不开开心心地生活呢？"话的道理浅显，但真正能做到的又有几人？

生活中，谁都会有磕磕碰碰，谁都会有苦恼忧伤。只不过是有的人走得平稳有的人走得坎坷，有的人走得壮美辉煌有的人走得暗淡无光……但无论怎样，生命的精彩不会因为波澜而短暂，生命的意义也不会因为伟大而延长。其实，人的一生就是一次生命的旅行，怎样对待这次旅行，其实就是一个心态的问题，保持一种良好的心境就可以让空虚行程过得美好一点，看到的是勃勃的生机和处处花香。

父母给予我们生命和阳光，可他们终将会老去；孩子给孩子喜悦和爱，可他们迟早会长大；爱人给我们甜蜜和幸福，可我们必须付出真情的代价去呵护；鲜花和掌声是生命的一瞬间；名利地位也会随着时间流向遥远的天边。生命再长，长不过百年，能永远伴随我们一生的是自己的心情啊。好的心情，犹如春暖花开，有欢乐的小鸟在唱歌，有童年的风筝在飞舞；看看天天是蓝的、看云云是白的、看山山是绿的、看水水是柔的、看人是善良的、看世界是多彩和谐的。

那么，好心情从何而来，与金钱和幸福有关吗？一项调查发现，有关，但不能长久。当你中了500万彩票时，心情自然会十分高兴，但只能维持一个多月，如果再中第二次时，最多维持半个多月，高兴的心情就会消退了。拥有得多的人害怕失去，一无所有的人又急于求成，他们又怎么能真正地快乐起来呢？人活一世，要淡泊名利，得之不喜，失这不忧，不要过分得重得失与成败，不要过分在意加紧人对自己的看法。只有这样，也有拥有一份好的心境，不为太过高兴而忘乎所有，不为太悲作而痛不欲生，活得泰然处之，健康而美丽。

遇上不顺心的事儿，多想想天地不老，人生无常。

遇到不如意的事儿，多想想风雨彩虹，铿锵玫瑰。

活得泰然，自然健康，自然美丽，自然开怀。

心说则物美，天天有个好心情，也就拥有了自信，也就拥有了年轻和阳光。我们能生活着就是幸运和快乐的，给自己一份愉快的好心情，笑对工作、生活，从新的角度出发，人生也必定会有新的收获，灿烂如花。

藏在心里的幸福

一天清晨，车停下，上来一位老年人，他六十左右的年龄，慈眉善目的笑模样儿，站在车门的台阶上，边投币边大声说："今天太好了，刚出门不用等，就坐上了公交车！跟坐出租一样。"看他表情，仿佛一出门就能遇到公交车是一件多么幸运的事，车上的人都侧目微笑，微笑着看他神采奕奕的脸，是啊，一出门不用等就来了公交，等同于乘坐出租了。

过了两站，还是那位老年人，屁股刚在一空座上坐稳，又上来一位更好的老者，一看年龄就比他大得多，先前的老年人赶紧站起来让座，嘴里不停地说："您坐，您坐，我还年轻。女士优先。"车上有人笑出声来，多可爱的老头儿，豁达、知足、懂得感恩、乐于助人，与这样的老者同车，是我们一车人的福气。

车开开停停，乘客越来越少。离终点站还有两站的时候，老者一回头，见车上只有我们两个乘客了，呵呵笑了一下，说："还有人陪我到终点站。"我也笑说："真荣幸，成了我们俩的专车了。"

一杯淡水、一过来清茶可以品出幸福的滋味；一片绿叶，一首音乐可以带来幸福的气息；一本书、一本画册可以领略幸福的风景。幸福不仅在于物质的丰裕，幸福更在于精神的追求与心灵的充实。幸福是为了心中的目标而努力拼搏的过程。

日本著名作家村上春树发明了一个词——小确幸，即微小而确实的幸福。虽然它是当今最好流行的新词汇，但它古来有之，不分国界和人种，恩赐于你，恩赐于我，恩赐于每一个有心人，就像空气和阳光。只是善于捕捉的树上春树把这种日常生活中随处可见的小幸福构思成文并命名，就像一个精明的商人把大家熟视无睹的某样物件放到一个精美的包装盒，从此，走向市场并火爆异常。

虽然每一枚"小确幸"的持续时间只有3秒钟到3分钟不等，但它们却能深入浸润我们的生命。村上说："没有小确幸的人生，不过是干巴巴的沙漠罢了。"他认为让生命熠熠光辉的，不是一夜暴富的狂喜，而是"小确幸"的日日累积。

把幸福看得很轻，像是荷花泛出的清香，仔细嗅嗅就会心旷神怡。幸福其实离我们每一个人并不遥远，她就在你的眼前，在你的身边，而最为重要的一点就是：每个人都有属于自己的幸福。幸福尽管如同随时可见的阳光，但有些人却把目光投向别处，遗憾的是身在福中却丝毫感受不到幸福。有一次，俄国作家索络古勒看望托尔斯泰时说："你真幸福，你所爱的一切都有了。"托尔斯泰马上纠正说："我并不是具有我所爱的一切，只是我所有的一切都是我所爱的。"人们都渴望"有我所爱"，岂不知，"爱我所有"才是最大的幸福。

"百鸟在林，不如一鸟在手。"幸福就是你手心里的那只鸟，好好珍惜，不要等手心里那只鸟飞走了，才遗憾自己没有好好把握曾经属于自己的幸福。幸福的脚步很轻，很多时候我们在他行了很远才知道我们原来见过他，所以我们要时常提醒自己抓住幸福。"此生此夜不长好，明月明年何处看？"请握住手心里的"小确幸"吧，好好珍惜而今现在！

从　容

有年轻的网友说我"乐山乐水乐自在，亦文亦商亦从容"，令他很羡慕，却难以像我这么潇洒从容，因为想从容却没钱，去挣钱又从容不了。

其实，他们现在的状态我也经历过，只是他们没看到，他们看到的只是成功以后的我。也正因为如此，成功在他们眼中成了一种原因而不是经过。这句话可能不好理解，我举例来说。

2010年房地产行业受到很大的政策调控，但这一年在半个月之内有两个房地产界的董事长登上了珠峰，一个是王石，一个是黄怒波。他们是因为有钱才能登上珠峰的吗？肯定不能这么理解，如果他们没有勇气、毅力，即使再有钱，最多是被人当行李拖着上去，而不是登上去。而那股骨子里的毅力、向上奋斗的勇气在他们不知名的时候就已经存在了，只是他们后来成功了，到了珠峰了，你只看到了他们的成功。我看了黄怒波在8840米高峰上朗诵诗的视频，这在人类历史上是绝无仅有的，把氧气罩拿下来很危险，没有极大的勇气与毅力是做不到的。我和他是同事，我知道他骨子里的奋斗、挣扎，也知道他在很小的时候就开始追求自己的理想。这些信息，不是很熟悉他的人是很难知道的。

回到我们从容的话题上，很多人以为有钱才能从容，其实不然。从容是建立在对未来有预期，对所有的结果和逻辑很清楚的基础上的。你只要对内心、对事物的规律有把握，就能变得很从容。大人比小孩儿从容，男人比女人从容，老人比年轻人从容，掌握资源多的人比掌握资源少的人从容，皆是如此。对未来的东西越有掌握、越理性，你就会变得越从容。

比如你创业，你要想从容，就不能只盯着钱，你必须知道钱以外的很多道理，否则你遇到一些事情，总会觉得很委屈，觉得世界上的事情为什么不能如你所愿，总是跟你对着干。原因很简单，世界上所有的事情不是为你一个人准备的，地球上有几十亿人，中国有十几亿人，所以你作为几十亿分之一，你一定要有对未来的看法和眼光。对年轻人而言，对自己掌握的已知比较少、未知比较多的领域一定要去拓展，如此才能打开视界。

古人讲坚忍不拔之志，涉及两个关键词：志向与毅力，二者缺一不可。要做到对未来、未知的掌握，除了必要的知识面跟眼光，还必须有坚忍不拔之志。志向，或者说理想像黑暗隧道、管道尽头的光明，如果这个光明熄灭了，人在黑暗里就会恐惧死亡。人之所以往前走。是因为有光明，光明是理想，加上你的毅力，你在黑暗中才能不断地往前走。

鲁迅写过一篇散文叫《过客》，讲一个受伤的人不断往前走，一个小孩儿说前面有鲜花，一位老人说前面是坟墓不，要走了。同样的事情，老人看到的是坟墓，年轻人看到的是鲜花，不同的人看到的事物不同，只有当你看到有鲜花的时候才会不断地前行。这样一路走下去，只要你足够坚持，你就足够伟大。

大于36块钱的安宁

我大学时未能如愿以偿地去第一志愿，最后只得委屈不已地去了个普通大学。

那所学校的低学费吸引了一大批慕"名"而来的学生。说实话，我家算不上有钱，但是在这个学校里，我俨然变成了纨绔子弟。不过想想也是：宿舍里的老大，每顿饭就是去食堂买4个馒头，然后小心翼翼地买半块酱豆腐就着吃。老七家境更惨，天天厚颜去蹭老大的酱豆腐，终有一天反目成仇。

强龙不压地头蛇。到了这一亩二分地，是龙要盘着，是虎要窝着。更何况我什么都不是。为了不显得太异类，我常常从外面买各种吃的，回来请大家一起吃。在我看来，你们没钱买，我自己出钱买了请你们，这明显是善意啊！

没过多久我就发现，绝对的善意，有时候却得不到绝对的回报。大家似乎把我的柜子当成了仓库，没什么了都去那里拿。慢慢这一切都变做理所当然了。直到有一次，我忍无可忍：新买来的一箱方便面，自己吃了不到5包，剩下的都不见了。我追问两句，大家却都用一种很漠然的眼光看着我。分明是一种不屑和指责：吃你两包面，至于大惊小怪吗？

那一刻，我欲哭无泪。好，没关系，惹不起，咱还躲不起吗？我的抽屉、柜子和箱子统统上锁，谁也不许动。伴随着钥匙落下的"咔哒"声，我和他们之间，那原本由我拼命打开的大门，也紧紧地关上了。

自此，我开始了贼一般的岁月。买包奥利奥，都要偷偷摸摸地揣回宿舍。还不敢当着大家的面，非要等到夜深人静，才能在被窝里偷偷吃。

那天夜里，我咽着饼干，无比伤心。我不知道为什么因为几包泡面几瓶饮料，就变成了这样？

后来的那段日子，是我大学里最灰暗的一段时光。

最严重的时候，我每天都要检查我柜子里的东西是否少了。这完全是一种无意识的行为，但我就是忍不住。有时候课上到一半，都忍不住要跑回来检查一番，看看锁是否还完好。

一个莫名的契机让我有了改变。那天我又跑去买泡面。以前我总是成箱地买，现在我只敢一次买三五包。卖泡面的中年人看我鬼鬼祟祟地把泡面往衣服里塞，就不禁问我，为什么。

丢脸的事，少提为好。我只是随便支吾了几句。没想到他一听就乐了，说：买太多泡面，放宿舍怕丢吧。

被同学拿走吃掉，也算丢的一种吧。我没吭气，算是默认。他接着说：一包面能有多少钱？你这样多累啊，刮风下雪的，还要跑出来。为什么不一次多买点儿？超市还有个损耗呢。你买上一箱存着，丢点儿，一年能多花多少钱？不比现在这样好？

我第一直觉是他在推销泡面，可回到宿舍一想：无非就是钱的事，何必让自己如此苦恼呢？想着想着，我坐不住了，拿出纸来列了个等式：

每天损失两包面：1.2元；

每月总计损失：36元

每天担惊受怕：X元

每天跑回来检查柜子：Y元

睡不好觉：Z元

总计：$X+Y+Z=?$

不管是多少，我想，它一定大于36元……

后来我专门找了宿舍长，和他说：我可以每个月请大家吃一箱面，但是希望大家不要再翻我的东西。宿舍长听了，脸变得通红，说：他们只是有时候开开玩笑，并不是真想要你的泡面。

再后来情况果然好了很多。泡面和饮料虽然还有莫名的损耗，但是我却不太想那些事了。因为我知道，我从中得到的安乐与宁静，远远大于36块钱。

等待葱花的盛放

每次路过菜市场，我总会遇见这样一个卖菜人，30多岁，身体瘫痪，坐在轮椅上，吆喝卖菜。

最近我开始思考圆葱的花是什么样子，就是因为他。他的生意一直很不错，倒不是大家有意照顾他，因为他总是笑呵呵的，很阳光。

初春乍暖还寒，照例经过菜市场，发现他的菜架上摆着两个较大的长方形花盆，盆里竟然是摆得整整齐齐的圆葱，这些圆葱都骄傲地伸展出翠绿的叶子，圆鼓鼓的葱身愈发衬得叶子高挑苗条。每棵圆葱五六枚叶子不等，水灵灵的，纤尘不染，看来主人照料得精心。

"这个，能吃吗？"我指着叶子好奇地问。

"呵呵，"他笑了"能吃吧！"

"那卖吗？"我半信半疑。

"不卖！"他有些抱歉地笑。

"那你养着干吗？"

"等它开花。"

天哪，一个卖菜人，养着几十颗圆葱，居然是为了等它们开花！太有创意、太有诗意了。我惊讶得说不出话来。

看着我目瞪口呆，他解释道："这些圆葱抽叶了，不好吃，我不能卖给顾客。但扔掉怪可惜的，我就把它们养起来，也许它们有一天会开花吧。"

"会开花的，一定会！"我肯定地回答他。我心里一颤，刹那的感动唤醒了我近乎麻木的神经。

回家路上，我一直想象圆葱开花的姿态，会是怎样的美丽惊艳，还是平凡如常？

以后每次找他买菜，看着他笑盈盈地称菜、收款、找钱，很娴熟，很开心。我忽然明白，其实圆葱是否开花并不重要，最让人欣慰的是等待的过程，重要的是他的心里开着快乐之花。

原来，尘世间，草有草的执着，花有花的姿容，每一处卑微的风景，虽然不是闪亮耀眼，却都足以让你感触万千。静待一朵尘埃之花绽放，便是停下脚步，聆听生命的心声，以坚强的方式告诉自己，不论你是怎样一个人，残缺或者曾经忧郁，其实阳光一直温暖着你，只要你肯笑对一切。

凋败之美

一天，一个十年未见的旧友忽然来电话，他说，他看到了我在新浪博客上的一张新照片，这照片使他感慨和心酸，使他感到岁月的无情，他希望把这张相片换掉，换成我十年前"青春靓丽"的照片。

他的电话使我想到这个话题。

在我的感觉里，青春的美的确是光洁明艳、饱满灿烂、流光溢彩的，哪怕是掺杂了情绪化或者偏执的成分，哪怕青春是愤怒的，是敌意的，它依然是美妙的，令人羡慕的。但，仅仅是羡慕而已。它似一阵清朗而飘忽的风，抚在脸颊上，可一低头就不见了；如一声或清脆或低绵的呼唤，清晰地浮游而来，可一回眸就消散了，不见踪影，脆弱得转瞬即逝。

在我的审美感受中还有另外一种体验——不见得"怦然"，然而的确"心动"的美。它是成熟的、内敛的甚而是沧桑的、凋败的。她的目光深邃，眼神盛满内容，眉宇间似有一种顾盼在无声倾诉；她的步履沉甸而从容，肌肤也在阅历的磨刀石上打磨过了；她的身上散发着古典主义和现代主义相混合的奇异味道，散发着由倦怠滋生出来的幸福感，由深刻的孤独演变而来的随和淡定。这综合的味道让人驻足流连，让人久不散去，甚至多年以后，在某一个怀旧伤古的初夏或者暮冬时辰，我们依然会被笼罩在一种莫名的、痛苦的想念中。

这样一种由内向外散发出来的神韵，便美得令人心痛、令人心碎了。这样的美，美得有"毒"！

这样的美，是需要闭着眼睛来看的。

如果说，青春的美是用皮肤来表达的，是用来触摸和感知的话；那么，成熟的甚而凋败的美便是从骨头里渗透出来的了，成为一种韵味，让我们感怀，让我们疼痛。除了想念，还是想念。

这也是为什么在落花流水般的岁月中，在浮光掠影的日子里，推杯换盏、觥筹交错之间，依然有人牢记着那一句迷人而伤感的玛格丽特·杜拉斯的台词："那时候你是年轻女人，与你那时的面貌相比，我更爱你现在备受摧残的面容……"

华年已逝、青春不再，岁月在我们每一个人的脸孔和内心都雕刻了流过的痕迹。据我（现有的）一生中的大部分时间的体验，盛开是一种美，凋败更是一种美。而且，在华美与凄美之间，我选择后者。这种倾向由来已久。

当然，现实终归是现实，文字是靠不住的。

在我与我之间，在我与世界之间，我心依旧。

发出杂音的不是芭蕉

　　每个人心中，似乎都有一块遥远的梦土。也许是对现实生活的无能为力吧！我们习惯于把梦想放在遥远的未来，对将来总是比现在感兴趣得多。

　　"等我退休，就可以去环游世界……"

　　"等我有一笔钱，我一定要回乡下去，买一块地，自己种菜吃。"

　　"这里的生活环境太差了，交通拥挤、人心险恶、乌烟瘴气，人家说新西兰是人间天堂，将来我老了，一定要移民到那边……"

　　想想，这跟小时候考试每次考不好，发誓下次好好努力，却没努力过一样。

　　未来来了，未来的梦想还在未来；明天变成今天，今天的希望还在明天。真正实现的人很少。

　　我一直记得美国女作家苏珊·俄兹的话：

　　"许多渴望永恒的人，却不知道在星期天下雨的午后如何自处。"

　　许多梦想，使我们的此时此刻，充满着灰色的情绪，恍恍惚惚，模模糊糊；使我们不屑于生活在这一刻。

　　其实，只有这一刻才是真实的。

　　真的认命，就别再三心二意。

　　不知道从什么时候开始，我已经厌烦了人们对梦想的过度依赖。

　　不久前，我遇到一个旧识。

　　我记得，每次看见他，他都是同样的苦瓜脸和不快乐。十年如一日。

　　"不知道什么时候可以安安静静过日子，不再为五斗米折腰。"

　　我按捺不住，对他说："你如果不喜欢应酬，大可以不去。"

"唉，这你就不懂啦！我……我做这行，人在江湖，身不由己……"

他忽然又防卫起他最憎恨的事情来。

事实上，应酬与他的工作并没有必然的关系。我看得出，在他抱怨的时候，他的眼睛炯炯有神，无声地诉说着爱恨交织的情绪。

我缄默了。就让他爱恨交织下去好了。他只是在为他的无奈找听众，并不期待解决任何问题。

这让我想起，一些喜欢在婚姻中爱恨交织的男女。

"如果你这么痛苦，他又对你这么差，为什么不离开呢？"如果你好心地想当解铃人，你通常会得到类似的答案：那人忽然戒心十足地防卫起他最憎恨的事来。

"你不会明白的，我身不由己啦……"

"我，唉，认命了——"

真正认了命，就不该有怨言绯语，不是吗？

从前，有这么一副对子。

诗人嫌院子里的芭蕉，风来发出沙沙声，雨来滴滴答答地响，吵得人不能静心入梦，挥毫写下：

——是谁多事种芭蕉？早也潇潇，晚也潇潇。

诗人的妻子，慧心独具，戏笔完成下联：

——是君心绪太无聊，种了芭蕉，又怨芭蕉。

芭蕉可不是你自己种的吗？芭蕉是一样的芭蕉，只是你的心变了，发出杂音的，不是芭蕉，而是你呀！

在日常生活中，我们常常种了芭蕉，又怨芭蕉。当初喜滋滋进了大公司的人，不久就为大公司的繁杂人事烦恼频添、早生白发；不久前才因一见钟情而日夜相望，曾几何时，情人已经变成了仇人；最亲密的朋友，转而成了致命的敌人……昔日的爱，变成今日的恨事，为什么？

只因一念之差。

那个念，来自期待，也来自梦想；当事情背离了我们的期望，我们的梦想便失去了回应，于是我们的心也越来越不能宽容。

想来想去，当日心头的一块肉，如今十恶不赦。

还不是它在作祟？

耳根清净

从前，人的耳朵里住过一位伟大的房客：寂静。"长安一片月，万户捣衣声。""雨中山果落，灯下草虫鸣。""鸟宿池边树，僧敲月下门。"

在我眼里，古诗中最好的句子，所言之物皆为"静"。读它时，你会觉得全世界一片清寂，心境安谧至极，连发丝坠地都听得见。

古人真有耳福啊。

耳朵就像个旅馆，熙熙攘攘，谁都可以来住，且是不邀而至、猝不及防的那种。

其实，它最想念的房客有两位：一是寂静，一是音乐。

我一直认为，在上苍给人类原配的生存元素和美学资源中，"寂静"，乃最贵重的成分之一。音乐未诞生前，它是耳朵最大的福祉，也是唯一的爱情。

并非无声才叫寂静，深巷夜更、月落乌啼、雨滴石阶、风疾掠竹……寂静之声，更显清幽，更让人神思旷远。美景除了悦目，必营养耳朵。对人间美好之音，明人陈继儒曾历数："论声之韵者，曰溪声、涧声、竹声、松声、山禽声、幽壑声、芭蕉雨声、落花声，皆天地之清籁，诗坛之鼓吹也。然销魂之听，当以卖花声为第一。"

当以卖花声为第一。

儿时，逢夜醒，耳朵里就会蹑手蹑脚溜进一个声音，心神即被它拐走了：厅堂有一座木壳挂钟，叮当叮当，永不疲倦的样子……那钟摆声静极了，全世界似乎只剩下它，我边默默帮它计数，一、二、三……边想象有个孩子骑在上面荡秋千，冷不丁，会想起老师说的"一寸光阴一寸金"，我想，这叮当声就是光阴，就是黄金了吧。

回头看，那会儿的夜真静啊，童年耳朵是有福的。

今天，吾辈耳朵里住着哪些房客呢？刹车、喇叭、施工、装修、铁轨震荡、机翼呼叫、高架桥轰鸣……它们有个集体注册名：喧嚣。这是时代对耳朵的围剿，你无处躲藏，双手捂耳也没用。

一朋友驾车时，总把"重金属"放到最大量，他并不关注谁在唱，按其说法，这是用一个声音覆盖一群声音，以毒攻毒，以暴制暴。

我们拿什么抵御噪声的进攻呢？耳塞？地下室？使窗户封得像砖厚？将门缝塞得密不透风？当然还有，即麻木和迟钝，以此减弱耳朵的受伤，有个词叫"失聪"，就是这状态。偶尔在山里或僻乡留宿，却翻来覆去睡不着，那份静太陌生、太异常了，习惯受虐的耳朵不适应这犒赏，就像一个饿者乍食荤腥会滑肠。

人体感官里，耳朵最被动、最无辜、最脆弱。它门户大开，不上锁、不设防、不拦截、不过滤，不像眼睛嘴巴可随意闭合。它永远露天。

我对朋友说，现代人的特征是：溺爱嘴巴，宠幸眼睛，虐待耳朵。

不是吗？论吃喝，我们食不厌精、脍不厌细。视觉上，美色、服饰、花草、橱窗、广场、霓虹，所有的时尚宣言和环境主张无不在"色相"上下功夫。

口福和眼福俱饱矣，耳福呢？

有个说法叫"花开的声音"，一直，我当作一个比喻和诗意幻觉，直到遇一画家，她说从前在老家，中国最东北的荒野，夏天暴雨后，她去坡上挖野菜，总能听见苕树梅绽放的声音，四下里噼啪响……

苕树梅，我家旁的园子里就有，红、粉、白，水汪汪、亮盈盈，一盏盏像玻璃纸剪出的小太阳。我深信她没听错，那不是幻听和诗心的矫造，我深信那片野地的静，那个年代的静，还有少女耳膜的清澈——她有聆听物语的天赋，她有幅画，叫《你能让满山花开我就来》，那绝对是一种通灵境界……我深信，一个野菜喂大的孩子，大自然向她敞开的就多。

我们听不见，或难以置信，是因为失聪日久，被磨出了茧子。

是的，你必须承认，世界已把寂静——这大自然的"原配"，给弄丢了。

是的，你必须承认，耳朵——失去了最伟大的爱情。

我听不见花开的声音。

我只听见耳朵的惨叫。

放慢你的脚步

午休，闲翻一本书，被林语堂的一句话击中内心：看到秋天的云彩，原来生命别太拥挤，得空点。感慨之余，从QQ上转发给玲子，希望这句话也能点化她心中之惑。

比我略长几岁的玲子曾经是我们小城里的才女，第一眼见着她是垂肩长发，裙裾飘飘，秀净的面孔上是那么安然。可昨晚，就在昨晚的茶楼里，我感慨地对她说，岁月把你曾经的许多美好给抹平了。她愣怔一下，眼里有泪光在闪。

玲子曾说，她活在一个尴尬的阶层里，没有太多的钱，却有太多需要用钱完成的梦想——房子、车子、面子。所以，不甘平庸的她下过誓言：我要站在物质的顶端笑看那些负重而行的人。自从嫁作人妇，她就在物质的道路上狂奔着，节俭加上机遇，别人刚温饱，她就小康——有了房子，想别墅，有了别墅，想车子，有了车子，又赶上孩子出国热，她一咬牙，把10多岁的宝贝送上了飞往异国的飞机。她一步步地将誓言变成现实，早就无闲看书，更对我们手中那微薄的稿费嗤之以鼻，难得的一次聚会，她迟到了，挟裹着一身酒气而来，我问：快乐吗？她淡然一笑，没有回答，我分明见着她眼底的倦意和淡淡的忧伤。

昨晚，是她主动约的我，她说，她像一只没有闸阀的列车，已停不下行驶的车轮——房供、车供还有孩子高额的学费，沉陷在所谓的富贵圈子里，物质成本不是我们常人能想象的。她真的太累了，细想想，曾经梦想过的美好未来，钱并不能解决了。她痛苦地对我说，她上半生拼搏，下半生可能又要与健康一分胜负了——刚拿到体检报告，严重的乳腺增生和失眠症。

其实，现实中像玲子这样为名为利拼命地不在少数，他们凡事孜孜以求，不肯接受生命中的缺憾，以狂奔的姿势行进在岁月里，他们不懂得也不愿意放慢脚步。有人说，这是充实，其实，真正的充实人生必须以"轻松、快乐"为前提，要努力打拼，也要懂得享受，凡事看得淡一点，步伐迈得慢一点，给自己一个从容的心态，而不是不留一丝缝隙地把人生安排得满满当当。否则，人生将承受不可名状之重负。

有一位网友，曾经的职场粉领，典型的空中飞人，有时，刚下飞机的她，换上老公送来的行李箱又飞往另一个城市，快节奏的生活让她差点崩溃，她不知道有多久没看望父母了，有多久没陪老公散步，甚至，孩子已记不清妈妈的笑容和温暖的拥抱了，痛定思痛，她断然拒绝老总升职加薪的承诺，回归家庭，安然地做个全职太太。她说，可能歇息个一两年，她会再回职场，但未来的事交给未来再决定，她现在要做的只是好好享受当下的生活，她现在就是家中那盏温暖的明灯，下班了，放学了，成了老公和孩子幸福的向往。

我很喜欢这位网友的决定，暂时的退回是一种状态，更是一种智慧。我想到了中国画中的留白技法，一张宣纸中疏疏朗朗的几笔山水花鸟，适当的空白之处却衬托出景物传神留韵之效，更给人以美妙的想象。人生也莫不如此！何必为俗世里的喧嚣扰心，为红尘里的名利迷眼——一日三餐饭，睡觉一张床，还自己一个闲适隐逸的追求，给自己的人生适当地留些空白，在这些空白里静静地释放劳累和痛苦，静静地休养生息，让原本紧张的生活有个缓冲的余地，为下一次的冲锋补点给养。

都说现在的人越来越懂得浪漫，玫瑰与钻戒最能博得惊呼，为此，前仆后继地奔波在寻求的路上。岂知，古人才是真正浪漫的缔造者，言情的流传者，"几处早莺争暖树，谁家新燕啄春泥"，"茅屋相对坐终日，一鸟不鸣山更幽"，"明月松间照，清泉石上流""青青子衿，悠悠我心""盈盈一水间，脉脉不得语"……还有几人能静静地聆听，能默默地感受了？大自然与人从最初的两两相望早已走向两两相忘了吧，而人与人之间又树立了一个新标尺——含金量。

所以，让脚步慢下来吧，减去生活中负累的枝枝蔓蔓，留点儿空闲看看蓝天，且听风吟，作为一个生命的欣赏者，笑看世间的花开花落。俗话说，人活八分饱，花开九分艳。生命别太拥挤，岁月会更加的精彩。

富贵竹的重生

以往的那些年，家里总养上一瓶富贵竹，绿油油的叶子，亭亭玉立地生长着，在中间搭配一枝蝴蝶兰，紫色在绿色之间妖娆着，飞舞着，一瓶绿紫相宜的灵动飘逸而出。

只是每至寒冷冬季，南方的阴冷让富贵竹变得萎靡起来。富贵竹喜暖怕凉，这里的冬天不适合它的生长，于是，每年的12月末，那一瓶富贵竹就以死亡的姿态来面对寒冷，叶子完全地枯萎直至绿色全无。我在它们生命完全耗尽之后，将它们扔进垃圾桶，唯剩那独舞的蝴蝶兰，只有等到来年三四月，再配上几枝富贵竹，才继续它的妖娆和灵动。

今年一如往年，在12月初，富贵竹又有了将死的靡靡之气，最底下的绿叶开始泛黄，想必是撑不到月底，每年都是如此，今年也不抱什么希望。想着富贵竹喜欢温暖，每当阳光灿烂时，就让儿子把花瓶搬至阳台，温暖一下。儿子一次调皮，把一颗螺丝钉扔进了花瓶里，我也没有费尽心思地把它捞上来，反正快死了，费神费力还是死。

富贵竹偶尔在阳台安家，有阳光的时候就能晒一下，似乎可以缓一缓那即将死亡的衰败，那颗螺丝钉也生锈了，清清的水变得浑浊起来。

阳春三月即至，这个温暖的春天将是万物复苏的季节，那瓶富贵竹顶上的三片叶子依然绿着，很有大难不死的风采，欣喜之余，也不忘研究一下，今年的富贵竹怎么能逃脱遭遇寒冷必定死亡的厄运。

能晒到阳光是一个因素，那颗生锈的螺丝钉竟然是富贵竹的养料，更甚者，不频繁换水，也是能活下来的一个缘由。

很简单的3件事，就可以让富贵竹安然地度过冬天。在往年的冬天，它总是被我大动干戈地折腾，使得富贵竹在看似被保护的状态下，逐渐的衰败而走向死亡。想必往年的目的是好的，希望富贵竹一路走好，可以挺过冬天的寒冷，一路凯歌，绿油油地从春走过冬。其实那不过是自己的臆想，自以为是的希望富贵竹能怎样，其实违背了它的生长规律与自然方向，任由你的好心，也是办错事的必然。

此种道理可谓放之四海而皆准，教育孩子如是，对待自己的生活如是，工作亦是如此。该等待的等待，该添加营养的时候补充，该温暖的时候给自己一点阳光，这些都有的时候，我们需要的是那个契机，正如温暖的春季，该发芽的时候自然发芽。

不是我们不懂这些自然规律，而是我们更愿意忽视自然，告诉自己定能胜天，来挑战自己的极限。更让自己的孩子在被挑战中萎靡，只顾一路狂奔，忘记了自己是谁。别忘了自己只是个凡人，未必能比植物的生命力强多少，顺其自然，才是天道。

给我一天光明

16岁时，在学校踢一场足球比赛，我带球沿边线向对方球门狂奔，一不小心球踢大了（就是脚法有点儿臭），但也没出界。可就在我低头赶到时，场外的一个学生突然起脚，我甚至都没来得及闭上眼睛，直接被那个足球砸在了眼球上。

那是我第一次知道什么叫作"眼前一片发黑"。于是，一只左眼，成为我青春岁月的代价和纪念。

虽然靠着一只右眼完成了读书、就业、娶媳妇之大业，但每次见到盲人，我都有种"亲切感"。也许心底，尚有一丝挥之不去的恐惧吧，恐惧于这独留的一只眼，还能支撑多少年。

巧的是，在我的采访和读书经历中，还真有三位盲者给我以启示。

第一位叫郭红仙，五年前我采访过她。这个普通的农家女子生下来就双目失明，却在11岁母亲去世后就挑起生活的担子。如果你以为这是一个苦情故事，那你错了。这个一天学都没有上过的女子在这尘世中有着颗诗心。

从童话到散文到诗歌，一段段优美的文字如溪水一样从她心里流淌出来。接受我采访的时候，她已经发表了几十篇作品。第一次发表是在中央人民广播电台，来了20块钱稿费，郭红仙一说到这就笑了："当时我'晕晕乎乎'，北都找不着了！"我问她稿费用来干什么了，她又笑了："那当然是买菜了！难道我还找个相框装起来不成？"

我仍旧记得那天我穿过那个村庄的小街拐来拐去，记得郭红仙干净的家，记得她一首诗的题目——《给我一天光明》。

第二位叫张娜，她在一家学校有着一份稳定的工作。那天我看她熟练地上楼，根本不像是眼睛不好的人，她笑笑：我看人只能看个轮廓，这楼梯，我走得太熟了。和郭红仙一样，张娜也有着一颗诗心。在长久的属于自己的世界里，读书和写作占据了她大部分内容，也给了她无与伦比的快乐与满足。她的一篇文章去年获得了全国一等奖，她喜欢朗诵，并把自己朗诵的作品贴到博客里……

第三位叫周云蓬，"九岁失明，学会了弹琴、写诗，云游四方"。他这样看待宿命：蛇只能看见运动着的东西，狗的世界是黑白的，蜻蜓的眼睛里有一千个太阳。很多深海里的鱼，眼睛退化成了两个白点。能看见什么，不能看见什么，那是我们的宿命。我热爱自己的命运，她跟我最亲，她是专为我开、专为我关的独一无二的门。

于是，周云蓬背一把吉他坐上了他的绿皮火车，他写下"春天/责备没有灵魂的人/责备我不开花/不繁茂/即将速朽，没有灵魂……"，他唱着海子的《九月》，也唱着自己写的《中国孩子》。稍有安顿后，他又发起众多歌手制作了童谣专辑《红色推土机》，收入全部用于帮助贫困盲童，为他们购买读书机、乐器、MP3。他这样写道：这个计划只是一声遥远的召唤，就像你不能送一个迷路的盲人回家，但可以找一根干净光滑的盲杖，交到他手中，路边的树、垃圾箱、风吹的方向、狗叫声、晚炊的香气，会引导他一路找回家门。

感谢生活和阅读，让我在16岁时，那个眼前一片漆黑的时刻回到阳光底下。我依然感恩，感恩我能够用右眼看到这些人，读到这些文字。世界于他们而言，是一片黑暗，但他们却坐在黑暗里唱起了歌儿。我想，那歌声就如同那根干净光滑的盲杖，教给看不见和看得见的人们，如何在这世界上去寻找道路和光明。

尽情美给自己看

朋友带我一路翻山越岭，前往深山密林间，去寻找那位养蜂人，只为给远方的亲人买到最为纯正的蜂蜜。

路上，朋友告诉我，那位养蜂人很能干，也很能吃苦，每年他都要带着蜂箱，去很远很远的山林里，找到蜜源最丰富、最安全的地方，一个人驻扎下来，长时间地忍耐着孤独，直到收获了让人啧啧赞叹的蜂蜜，才会欣然地回到山下的小村，和家人幸福地团聚。

养蜂人的妻子身体一直不大好，他赚的钱，很多都换成了妻子的药费，他对妻子的种种好，熟悉他的人没有不跷大拇指的。前年，他的妻子病逝了，原本就有些不大爱说话的他，一下子变得更沉默了，人也苍老了许多。他有一个女儿，在南京读大学，听说学习挺好的。只有提起女儿，他的话语才会多一些，语气里也多了些自豪。

在转过一个山窝窝时，一条清凌凌的小河，突然出现在面前。河水清澈见底，河中有巨大的白色岩石和光滑的鹅卵石，石缝间有小鱼欢快地游着，我俯下身来，掬一捧河水送入口中，一股惬意的清凉直抵肺腑。真爽，我不由得又喝了几口。

蓦然抬头，前面不远处，一个穿红格衫的女孩，正蹲在河边的那块青石板上，蘸着河水，轻轻地揉洗着长长的秀发，绵软如絮的阳光，轻吻着她白嫩的臂膊。她没有使用洗发香波，也没有用香皂，只选了从山中采来的天然皂角。那垂向河水的如瀑黑发，与她柔曲的腰肢，以及身后那青翠的山林，构成了一幅天然的美图。

女孩直起身来，拿出一把木梳，以河水为镜，一下一下，爱恋有加地兀自梳理着湿漉漉的秀发，像一只极为爱惜自己羽毛的孔雀。

真是一个爱美的女孩，我轻轻地赞叹道。她是美给自己看的，朋友一语轻松道出。

是的，她一定是居住在幽深林间的某一个小屋，很少有人能够看到她的美，但又何妨？她可以美给自己看啊。

继续往前走，眼前猛地冒出一大片开得正艳的芍药花，我和朋友都惊喜地喊叫起来，我们跑过去，欣喜地用手抚摸着，贪婪地嗅着花香，还拿出手机，不停地拍照，恨不得把那令人惊颤的美，全都收录下来。

可惜了，藏在这样的深山老林，很少有人能够看到它们的美丽。朋友有些惋惜地说。

它们是美给自己看啊！我立刻联想到了刚才在河边洗发的那个女孩，想起了朋友的话。

对，它们的美丽是给自己看的。我和朋友恋恋不舍地走开了。

终于见到了那位养蜂人，他穿一件很干净的深色衬衫，头发整齐，胡须剃得干干净净。真是一个利索人，与我想象中的蓬头垢面、胡子拉碴的形象，实在是相去甚远。

距离那一大排蜂箱两百多米远，有他搭的帐篷，还有用枯树搭建的凉棚。他从凉棚底下，搬出一罐罐封好的蜂蜜，一一地介绍给我们，热情地让我逐一品尝，果然都是上好的蜂蜜，他的要价也不高，比我预想的还要低一些。我眼花缭乱地选了好几种，多得朋友直笑我贪婪了，要背不动的。养蜂人送我一个大塑料桶，告诉我回去后马上把蜂蜜倒出来，换装成小罐，还叮嘱了我许多保存蜂蜜要注意的事项。

愉快地交流中，我发现，他的居所四周都做了精心的美化，碎石块砌成的排水沟，藏在幽密处的厕所，帐篷前居然还移栽了两大排野花，有幽兰、芍药、矢车菊、如意蓝、扫帚梅，还有一些是我叫不出名字的，他的凉棚上缠绕的，则是一簇簇牵牛花和紫藤花。

我不禁赞叹他是一个热爱生活的人，独自在这来人稀少的地方，还把一切都安排得那样井井有条，那样让人看着舒畅。

他不好意思地笑笑，告诉我们：已经习惯了，一个养蜂人，走到哪里都是家，是家就要装扮得漂亮一些，没有人来看，就给自己看。

是美给自己看。我和朋友相视一笑，不约而同地总结道。

就算是吧，干净一些，利索一些，漂亮一些，自己看着心里也舒坦。养蜂人说着，把一个自己用桦树皮编织的精致的小花篮送给我，我道了谢，想起了朋友说过他喜欢看书，从背包里掏出特意带来的自己写的书。看到我在书上签了名，他满脸自豪道，以后再有人来这里买蜂蜜，我就拿给他们看，告诉他们说，我有一个省城的作家朋友，也喜欢我的蜂蜜。

我笑着对他说，您的蜂蜜不用我的书打广告，看到您周围这一片美景，就能想象得到。

此行不虚，不仅买到了上好的蜂蜜，还有了惊喜地发现和由衷的感喟——无论身处何地，无论日子是否顺意，都应该像那些恣意绚烂的野芍药，像那个临河梳洗的少女，像那个把自己和帐篷里里外外都装饰得漂漂亮亮的养蜂人，即便没有人欣赏，那也要尽情地美给自己看。

脸上的风景

年轻人脸上的风景，是人间天堂九寨沟，越看越好看。上帝把对美的理解和创造都洒在年轻人的脸上。就是说，上天不会让任何一种美超过青春的美。假设，一个男人去九寨沟观赏到摄人心魄的美，叹为观止，身边出现一位漂亮姑娘，他会觉得姑娘更美。人的美具有美的优先权。

这个事说不清楚，就像人说不清什么是盐、什么是空气。人的脸——只有五官，而无六官。排列组合竟有无穷尽的影像、无穷尽的意味甚至于力量。每个人的脸都是风景区。

而人过了青春期之后，上天不管了，也可以说上天忙于粉饰另一拨刚进入青春的人。脱离青春比脱离组织更孤单，人人露出了垫底的相貌。儿时的憨美，少年的健美，青春的纯美挥手揖别，你只剩下你。

我30多岁才看清自己长什么样，原来的长相都不准，上帝在一旁化妆。

跟年龄相关的美是一层粉彩釉，一般说，到25岁，釉色就开始剥落，用分子生物学表述——人到25岁，身体停止分泌SOD——这是人自身分泌的对抗氧化和自由基的激素的英文简称。人本来生下来就开始衰老，遇见氧气就老，是SOD拦住了老。童年光鲜，青春美妙，其后顺其自然。这个事，上天办得特别公平。多有钱的人，上天也没给他两年SOD。25岁是一个神秘的界限，是100岁的四分之一，是75岁的三分之一，是一代人的代界，还是五乘五的得数。上天造人用的是化学方法，它编制的编码一层包着一层，不到时候不开启。故此，3岁的孩子和80岁的老人都不思春。3岁思春活不到30岁，80岁思春完全是弄虚作假，而20岁还不思春等同于犯了"反人类罪"。

后SOD时代的人是人类的多数，他们并没有同病相怜，而想以简陋的小技术对抗上天的代际部署，比如文眉和割双眼皮。我等今天还见不到80岁的文眉老人，再过30年你就见到了，相当诡异。她们个个都是吓退坏人的综合治理先进个人。所有的手术与技术都代替不了SOD，它是人工永远合成不出来的原体，就像人工合成不出一滴水。

在没有SOD的脸上，显露着人的品格，善良人与奸诈人的脸不一样。一颦一笑，脸上有主人控制不了的解密档案。苛刻的脸上看不到宽厚，冷酷的眼里绝没有热烈的光芒。每个人都是雕塑家，用品格把父母赐予的脸打扮成注解自己行为的那个人。前苏联有一句谚语说："读不读陀思妥耶夫斯基的人从脸上能看得出来。"我起初不信，心想读一部陀思妥耶夫斯基再读福尔摩斯探案集加鲁滨孙漂流记能看得出来吗？

我现在信服这句前苏联的谚语。读经典作品的人，听古典音乐的人，不说假话的人，相貌有清气；善良的人，爱大自然的人，面有和气；高智的人，散发润气。每张脸上都有自己经营多年的风景。林肯说，"40岁的人要为自己的脸负责"。"负责"这个词很沉重啊，好多人只想到钱了，没时间管脸。

美好的一天

今天早上我感到特别爽。

我的肩周炎，已经伴随我快五年了，每天早上醒来，第一个感觉就是左手臂隐隐作痛，但是今天，一点儿感觉都没有了。

窗外，天特别蓝。

微风吹进来，还带着桂花的香味。

我的枕边人，却不见了。

原来她在替我做早饭。

结婚以后，我就告诉我老婆："人家贵为英国首相的撒切尔夫人，都会替她老公每天早上做早饭，你也应该如此。"

我老婆一口拒绝，她说："早上睡早觉是神圣不可侵犯的人权，早饭你只好自理了。可是你如果当了英国首相，我愿意替你每天做早饭。"这是什么逻辑？

今天她一反常态，在问我："老公，你要吃炒蛋，还是荷包蛋？"上班了，我照样偷偷地看报，那位可恶的科长走进来看到我在看报，竟然一句话也不说，还和我聊了几句。

业务汇报，我照例乱讲一气，科长听了以后，居然无所谓的样子，可是我那些同事全被他骂得狗血淋头。

吃午饭的时候，更怪的事发生了，别人的菜都一模一样用大锅菜烧出来的，我却有一盘回锅肉，味道也完全对我的胃口，哪有这么巧？

我实在忍不住了，正好隔壁的老王是我的知己，因此我就问他："老兄，怎么回事？为什么我今天什么事儿都顺利得不得了？"老王反问我："你真的不知道？""我真的不知道。""要知道真相吗？""我当然要。""那就告诉你吧，你已经死了。你应该知道，只有死人才有这种十全十美的日子。"我大声抗议："你胡说，你胡说，我活得好好的。""老公，你怎么又说梦话了？"我被我老婆推醒。"真讨厌，一大早讲梦话，害得我被你吵醒。"我揉了一下眼睛，立刻感到我的肩膀隐隐作痛，我的黄脸婆蓬头垢面地睡在我旁边，我忽然觉得她好可爱，忍不住去亲了她一下。

"你疯了，老疯子。"她这下真醒了，立刻下达命令："下班以后，买一斤里脊肉，我还要一些番茄。"她还在下命令的时候，我早就溜了出来。我知道她的脾气。只要我记得一两件东西，带回家亮相，就可以交差，反正她是个宽宏大量的人。

外面下着大雨，没有撒切尔夫人替我准备早饭，我只好撑着伞，先去门口小店吃烧饼油条，然后在雨中挤上公交车上班。

上班的时候，我老是笑嘻嘻的。

中午，老王对我说："老李，你吃错了什么药？平常只听到你发牢骚，是个牢骚大王，今天怎么一句埋怨的话都没有了？"我说："老王，发什么牢骚？如果你一早醒来，发现世界美得不得了，一点儿牢骚都没有，那你就完了。"老王太年轻，他似乎听不懂我的意思。

不是非得伤痕累累才能悟得生活之道，有些人的生命如蚌之容沙，把痛苦和折磨培养成一颗颗珍珠，若是我们懂得欣赏他的珍珠，便是上了人生的一课。

找到
想要的生活

理想只是一个方向，
无论你的理想是什么，
都不重要。
重要的是，
你知不知道你想过什么样的生活？

只因喜欢

我喜欢买烤馕，而且一买就是几个，并不是我爱吃烤馕，而是喜欢看卖烤馕的新疆大嫂。

她先将烤馕一个一个摆整齐，而后轻搓一下打开塑料袋，将烤馕小心翼翼地放进去，双手轻拍、放气，而后再打个活结。找钱更虔诚，将一张张零乱揉皱了的纸币压平整了，再含笑双手捧上。

我喜欢看她的神情，笑意似乎在眉梢间抖动；我喜欢看她的每一个细小的动作，每一个细小的动作都满含着对顾客的尊重。

不只买烤馕如此，其实很多时候，我热衷于做某件事仅仅因为喜欢某个细节。比如，经常绕道"天顺堂"药店去和老王叔闲聊。

记得第一次见老王叔时，专门负责抓药的他竟然给拿着坐堂医生开的处方对抓药的病人说了这样一段话：

"要检查好，认准病，才能对症下药。那个医生说你缺铁，你就狠补，补得脸黑成锅底；这个医生说你缺钙，你又猛补，补得胳膊腿硬得弯不了……"

那个听明白了的病人，没抓药就离开了。

老王叔开口不离药名。他说自个儿在中药里泡了几十年了，身上都有了药味儿；他说炮制煎熬中药讲究的渠渠道道可多了，只是现在的人追求简单，糟蹋了中药，光知道赚钱，恨不得把中药也种到大棚里……

听他说话就是一种如沐春风的享受。

"……就像'陈皮'，叫'陈皮'是因为三年后才可做药用；'防己'，人最重要的是防止自己心里出了邪心歪念……我没事了就爱看着药名瞎想，'知母'艰辛就"当归"尽孝，古人说得好，子欲养而亲不待……"老王叔边和我说话边拉开药箱子,宽大的手掌抚过,淡淡的药味随着他的手掌就弥漫开来。

看着他,我常常想,是药有了人味还是人有了药味?反正,我就是喜欢绕道"天顺堂"药店进去和老王叔闲聊。

这一段,小区又搞基建了,我喜欢去工地附近转转,只是喜欢看到那位穿白衬衫戴白手套皮鞋锃亮的泥瓦匠。我感觉到自己看他时,似乎就像看脚手架,总得仰着头。听别的工友说,不论在哪里干活,他都是那身打扮。

"笨狗偏扎狼狗势",工友们是如此不屑地评价他,"不就是个泥瓦匠,还以为自己是城里吃闲饭的?"

我暗自观察了好多次,他每次从脚手架上下来时,除了白手套上有砖灰外,白衬衫上是绝无一星半点儿泥浆之类的,皮鞋依旧那么干净。而其他人,倒真的和他没法比。

或许,这个小伙子之所以这样,只是想知道自己到底脏到什么程度而已。一个时刻看护着自己的人,是不会脏到哪里的!我也确信,优雅的生活才是最本质的高贵。

一出门,抬头举目,我准能捕捉到等着自己发现的喜欢。也正因为有了这些星星点点又遍布每个角落的喜欢,我一直觉得自己像沾了天大的便宜般,偷着乐。

重见阳光的欣喜

那天早上发生了日食。我看到了现场直播，也看到了媒体铺天盖地的报道和宣传。五百年一遇，很多人都说真是太幸运了，太震撼了，有的甚至说，太值了。尤其是重见天日那一刻，感觉看到了极大的奇迹。

我问朋友：日食是什么？

很多种答案，有一位朋友回答：是影子，是月亮的影子。

我再问：一个影子，人们为什么会那么欣喜若狂呢？

答：是感觉到了一种永恒，震撼，重见天日的欣喜。

我又问：月亮的影子和你的影子有什么不同？

看到我们自己影子的时候为什么没有感到震撼或欣喜呢？

人们通常认为一些很不寻常的事情才是奇迹，其实每时每刻都有和日食一样的所谓的奇迹发生，而每一缕新阳光照耀到的都应该是新的生命，因为那是新的当下。

说到阳光，我想起了第一次下矿井，那是印象非常深刻的经历，在极为寂静的井下500米处，头上的矿灯照射出隐约灯光，周围异常安静，只有近处岩层渗出的地下水发出的"叮咚，叮咚"的声音，掺杂着远处隐约传来的掘煤的爆破声。

那个矿井和后来我去过的其他矿井不同，煤层质量虽然很好，但是非常薄，是斜带形分布，最窄的地方只有70厘米高，上下都是岩层，进去之后必须趴下来手脚并用地爬行。我们爬进了矿工俗称的"掌子面"，也就是工作区。一线矿工在这里把小型爆炸后崩落的煤块向外搬运。我第一次体验了矿工是怎么工作的，也趴在地上比画了两下，发现这是一种常人难以想象的工作方式和工作环境，他们像是地层深处的蚯蚓。

我们实在待不下去的时候，准备上来，钻入上下有铁板、周围一圈铁栅栏的吊笼，这就是电梯了，除了没有楼层显示以外，电梯速度很均匀，嘎吱作响，500米，相当于一百多层楼宇的封闭电梯，手抓着吊笼上冰冷的螺纹钢，所有人都鸦雀无声。当吊笼从地面升起的刹那，刺眼的阳光洒在我们每一个面目黧黑的脸上，我们全眯起眼睛，眼泪流下来。走出吊笼，我在台阶上静默良久。现在想来，那个时候的感动，应该和看到日食没有什么不同，更和觉醒之后看到每一缕灿烂的阳光没有什么不同，再重复一次：每一缕阳光都该照耀到新的生命，因为那是新的当下。

　　如果我们还有解不开的烦恼，去体验吧：如果你觉得自己郁闷得要自杀，带点好吃的去一次儿童医院的白血病病房。如果你觉得自己病得比较重，带点玩具去看看脑瘫的孩子。如果你痛失了亲人，去看看地震灾区人们的生活，如果你觉得学业或者工作不堪繁重，下一次矿井吧。说多少劝解的话都没有意义，真的，请体验一次：请暂时把你认为不可解决的烦恼扔开，去一趟，我保证你会把烦恼彻底抛开，拍拍灰尘嘲笑自己。

　　因为，这是我曾经的体验。

找到想要的生活

在我才入行的时候，公司同时招了三个实习生，我、阿米和老朱。小公司，十来个人服务四个项目。我们三人常常在一起抱怨工作的无聊、领导的吹毛求疵、在上海生活的艰辛。偶尔也会聊聊理想。是啊，作为独自在上海打拼的外地人，如果没有理想支撑，如何能熬过最初的艰难岁月呢！

老朱是我们之间唯一的男孩子，他的理想是，五年之内做到总监。他信誓旦旦地说：你们放心，我一定会做到！那时候，在我们的眼里，总监是多么高不可攀，不易到达。我和阿米跟他开玩笑说，如果他做到了总监，我们就到他手底下干活儿，这样就不会再受到白眼和欺凌了。

阿米的理想是嫁一个知冷知热、真心对她好的人，前提是他能在内环首付一套房子。阿米来自四川某山区，在她眼里，能定居在上海，已算是出人头地。

我那时候还不知道自己要什么。唯一能确定的是，我讨厌为一日三餐绞尽脑汁，讨厌住没有卫生间的昏暗老公房，讨厌买点零食都要算计半天。我认为我的心思应该花在重要的事情上，然而什么是"重要"的事情，我却不知道。阿米和老朱帮我总结：对于你现在来说，最重要的事情就是，需要赚更多的钱，来支撑优越的生活！我想了想，点点头回答说是。

几个月后，老朱服务的项目炒掉了我们公司，公司将重要的人员进行了重新分配，将不是很重要的人员如老朱等辞退。老朱走的时候，我们三个人一起吃了饭，老朱说，就算公司不炒他，他也打算走了。因为在这样朝不保夕的小公司，没前途！

老朱的话我听了进去。我仔细"算计"了收入和支出，发现继续待在这家公司，两年内无法改变现有状态，于是在来年的春天辞职，跳到了一家以加班为特色的大公司。阿米还留在原来的那家公司，只是从策划转到了销售岗位。

之后的两年，我经历了一个人单独做七个项目、一周上七天班，七天都在加班的状态，我的专业能力和薪水节节攀升，我也过上了住好房子、吃好东西，月薪略有盈余的日子。然而无止境的加班带来的最严重后果是，我的身体出现了状况，头晕耳鸣并在一段时间内出现了幻听。

有一天太过疲倦，我从楼梯上摔了下来，在病床上躺了整整一周。我以为我可以休息一下了，哪知我的领导说：项目是你跟的，别人一时也接手不了。你现在摔坏的是腿，不是手，只要还能坐起来，就把笔记本带到医院，坚持做。我自然不肯，还为此委屈地哭过。领导想了想，决定再给我加2000元薪水，我从了。

从医院出来后，我又做了半年。这半年，想得最多的是，我要的究竟是什么？如果为了这点薪水，就把命搭上去，实在不划算。我第一次仔细地思考了我所从事的行业。这个行业，想要做得好，就只能付出比别人多十倍的努力。我是传统的一个女人，婚前可以以工作为重，但婚后必然会将大部分时间给予家庭。继续从事这个行业，家庭无法兼顾。这不是我想要的，那么，我需要给自己更多的选择。

之后辞职，找到一家业内排名中上的公司，凭借着之前的工作经验做了主管，其后又逐步升到了项目经理、部门经理。在这几年的时间里，学了心理学，考了国家二级心理咨询师，并陆续经朋友介绍承接一些业务。空余时间也会写写稿，帮朋友的杂志写几篇专栏、跟新加坡的编剧合作写剧本。

在这样的努力下，我越发有底气，不再迷茫，并认为自己在现阶段已经寻找到了我想要的生活——凭着自己的努力，在人生的特定阶段做特定的事情，不盲目求快，不贪多，不紧不慢，一步步许给自己一个未来。

这几年，阿米嫁了人，房子在上海、老公在身边、宝宝在肚子里。老朱成了一家公司的总监，带了十几个小弟。再打电话，阿米会跟我抱怨老公工作太辛苦，常常半夜三更回家，让她好不担心。老朱会跟我抱怨现在根本就是88、89、90后们的天下，这群人实在太难管，经常沟通不力。

我想，他们都跟我一样，已经确定，很多时候，理想只是一个方向，无论你的理想是什么，都不重要。重要的是，你知不知道你想过什么样的生活？

"我们要多努力，才能看起来毫不费力。"这个过程中的艰辛，只有努力过的人才知道。而只有你爬到了山顶，整座山才会依托你。

别让心里长棵树

做粮油生意的大明近来刚买了大房子，邀请我这个同窗兼发小去他的新居喝上一杯。

酒至半醺，原本笨嘴拙舌的大明话稠起来。尤其谈及他老家的大哥时更是满脸的义愤填膺，脖子上的青筋都暴露了出来。

原来，大明在乡下老家还有一处闲置的老宅。去年春天，大哥的儿子媳妇请了木匠打家具，就擅自刨掉了老宅上的一棵老槐树，给儿子做了张大床。槐树还是大明的爷爷年轻时所栽，树干挺拔，枝繁叶茂，大明在老家生活的那些年里，每逢炎炎夏日，老槐树简直就是一把天然大伞。闲时，大明常搬了小桌子"伞"下喝茶、看书，正应了那句"爷爷栽树，孙子乘凉"的俗语。所以，大明对老槐树有着某种难以割舍的情结。

老槐树被刨不几日，村里有人将信息传到了大明的耳朵里。大明顿时觉得愤怒无比。以他目前的经济状况，倒并非心疼那棵老槐树，按市价也值不了几个钱。让大明感到最别扭和憋屈的是大哥竟然没有事先给他打声招呼，更可气的是，他两次有意打电话向大哥询问，大哥居然大言不惭地否认。大哥的先斩后又不奏，彻底惹恼了大明。自此，哥俩翻脸，再无往来，去年大明回老家给父母上坟，就未登大哥的家门。

听完大明的"慷慨陈词"，我忍不住哈哈大笑："大明啊！不就是一棵树吗？两年还难以释怀，太不值了。"

见我大笑，余怒未消的大明眼睛一下子瞪得溜圆，急赤白脸地反驳我："这不是一棵树的事，关键是他作为大哥实在太不像话。"

"说到底，还是一棵树的事，"我拍了拍大明的肩膀说，"大哥之所以不告诉你，可能因为他是你同胞弟兄，自然觉得区区一棵树，说不说都无大碍。关键是眼下，树早已没了，而你却偏偏将那棵树又移栽进了自己心里，你一次次地想起加上频繁地提及，无疑就是给这棵树拼命地浇水施肥，而至它在你的心里根深叶茂，肆意疯长。试想，日子久了，那满树张牙舞爪的枝枝杈杈早晚会将你的五脏六腑扎得鲜血淋漓，疼痛难忍。与其如此烦恼，不如干脆连根拔掉它，还自己的心田以应有的敞亮，你不妨主动给你大哥打个电话，就是简单的问候，别再提槐树之事，我敢肯定，大哥定会有所触动的。"

果然，几日后大明主动打电话给他大哥，只"喂"了两声，电话那头的大哥便哽咽起来。后来，大嫂对他说，其实，这两年你大哥啊！每到年三十的晚上就会一个人站在院子里，面朝你住的方向，默默发呆，然后悄悄回屋只顾闷头喝酒，眼圈红红的……

大明听着听着，眼里就落了泪。

生活中，我们难免会有类似这样的"大树、小树"被自己的亲人抑或朋友擅自刨去，且先斩而又不后奏。此时，你需要做的只是马上将树坑填平，而绝不是把已被刨掉的树又强行移栽进自己的心里，扎心扎肺备受煎熬。

等候星光

老顾是我的中学同学，又一起插队到北大荒，一起当老师回北京，生活和命运轨迹基本相同。不同的是，他喜欢浪迹天涯，喜欢摄影，在北大荒时，他就想有一台照相机，背着它，就像猎人背着猎枪，没有缰绳和笼头的野马一样到处游逛。攒钱买照相机，成为那时的梦。

如今，照相机早已不在话下，专业成套的摄影器材，以及各种户外设备包括衣服、鞋子和帐篷，应有尽有。退休之前，又早早买下一辆四轮驱动的越野车，连越野轮胎都已经备好。万事俱备，只欠东风，只要退休令一下，立刻动身去西藏。

终于，今年春节过后，他退休了。夏天时，他开着他的越野车，一猛子去了西藏，扬蹄似风，如愿以偿。

终于来到了他梦想中的阿里，看见了古格王朝遗址。正是黄昏，古堡背后的雪山模糊不清，主要是天上的云太厚，遮挡住了落日的光芒。凭着他摄影的经验和眼光，如果能有一束光透过云层，打在古堡最上层的那一座倾圮残败的寺庙顶端，在四周一片暗色古堡的映衬下，将会是一幅绝妙的摄影作品。

他等候云层破开，有一束落日的光照射在寺庙的顶上。可惜，那一束光总是不愿意出现。像等待戈多一样，他站在那里空等了许久。天色渐渐暗下来，他只好开着车离开了，但是，开出了二十多分钟，总觉得那一束光在身后追着他，刺着他，恋人一般不舍他，鬼使神差，他忍不住掉头把车又开了回来。他觉得那一束光应该出现，他不该错过。果然，那一束光好像故意在和他捉迷藏一样，就在他离开不久时出现了，灿烂地挥洒在整座古堡的上面。他赶回来的时候，云层正在收敛，那一束光像是正在收进潘多拉的瓶口。他大喜过望，赶紧跳下车，端起相机，对准那束光，连拍了两张，等他要拍第三张的时候，那束光肃穆而迅速地消失了，如同舞台上大幕闭合，风停雨住，音乐声戛然而止。

往返整整一万公里，他回到北京，让我看他拍摄的那一束光照射古格城堡寺庙顶上的照片，第二张，那束光不多不少，正好集中打在了寺庙的尖顶上，由于四周已经沉淀一片幽暗，那束光分外灿烂，不是常见的火红色、橘黄色或琥珀色，而是如同藏传佛教经幡里常见的那种金色，像是一束天光在那里明亮地燃烧，又像是一颗心脏在那里温暖地跳跃。

不知怎么，我想起了音乐家海顿，晚年时他听自己创作的歌剧《创世纪》，听到"天上要有星光"那一段时，他蓦地从座位上站起来，指着上天情不自禁地叫道："光就是从那里来的！"在一个越发物化的世界，各种资讯焦虑和欲望膨胀，搅拌得心绪焦灼的现实面前，保持青春时分拥有的一份梦想，和一份相对的神清思澈，如海顿和我的同学老顾一样，还能够看到那一束光，并为此愿意等候那一束光，是幸福的，令人羡慕的。

多想像树一样活着

　　世间有树，这是多么幸运的事情。地球，因为有树，这得适宜居住。人类，因为有了树，诗意地栖居才成为可能。我常常觉得，这个世界甚至可以没有人，但不能没有树。

　　树，以挺拔的站姿坚守脚下的土地，它的根在地底下铺匐蜿蜒，我想它一定是积聚了树全部的力量。树的根也许密如细发，但一定是一个庞大的系统，这让树得以在坚硬的泥土里进行着生命的运动，从而扎根生长。

　　树，以仰望的姿态朝天空发出邀请。枝枝杈杈是树的臂膀，片片绿叶是树的语言。树，站着会生长。过不了几年，便拥有自己的树冠。一团绿色的火焰在大地上燃烧，随着岁月更迭，时光变迁，树不仅没有变老，反而让自己的生命更加蓬勃昂扬。大树参天，遮天蔽日，树为脚下的土地撑起一片荫凉，为在树上栖息的鸟、虫子、蚂蚁、松鼠等阻挡风雨。

　　与树相望，我总觉得树是可以亲近的。树洞里埋藏了人类的秘密，树荫下有人们活动的身影。树的绿色能让我们绝望的眼睛看到希望，至少也能让疲倦的眼睛得以休息。细心的人总能发现，每个季节甚至每一天，树的绿色都不相同。春天是草绿、浅绿，夏天是明亮的绿、浓厚的绿，秋天是深沉的绿。

　　村口有大树。古老的村庄，因为有了大树的守候，才有了灵气。有它们陪伴的岁月，村子宁静而安详，村子里的生活如桃花源一般神秘而美好。

　　老家村口不仅有参天的香榧树，还有巨大的香樟树、松树，人们从那里远远走过，就能闻到树的香味。松树村头村尾各有一棵，村头的那棵村里人说树冠长得像龙，村尾的那棵却是笔直向上生长。村里人相信，这些大树都是有灵性的，它们的命运也就是村子的命运。

无论走到哪里，我都能闻到村口大树的香味。那是家乡的香味。是的，无论什么时候，我都希望，这些村口的大树都能站立在村口。只要我们一走近，就像是见到了熟人，分别久了，便会热泪盈眶。村口的大树，人世间的村庄有了你才像个村庄呵。

寺庙有古树。寺庙里的古树散发着佛光，抬起头，所见是清荫下，信仰的天空。

在天台的国清寺，一口古井旁，挺立着沧桑古树。我们一行人经过时，有眼尖的人忍不住惊喜地叫了一声"快看，树上有松鼠"。循着他指的方向，我们果然看到了在树叶间跳动的松鼠，树叶的绿光此刻明亮无比，似乎能划过我们的神经。呵，这松鼠一定是把古树当成了自己的家园、乐园。

而在普陀的普济禅寺，香道两旁都是硕大古老的树。在去西天的半山腰，走进一个小小的岔道，便望见一小片森林。靠近一看，竟然只是一棵树。这是一棵九百多年的古樟。主干生支干，支干生枝丫，密密层层，各事其主。所有的树干斜向天空，广达数亩。有一棵树上还挂着一块牌子：心迷就会苦，心悟就自在。

树上有生灵，一棵树就是一个世界。有一年冬天，我从窗口望出去，总能望见菜园里的一棵常绿树。每到下午，就有一群鸟雀狂飞乱舞。我情不自禁地赞叹："这是一棵鸟树。"鸟儿因为有了树的庇护，苦心情愿做树的花朵。

树，也许比动物还有灵性。在某些地方，树受村民尊敬和爱戴，视若神灵。

比如一棵香榧树，就因为它接三代而生长。它的树枝春天抽出来，到冬天不掉落，第二年春天，在这树枝上再抽出一根，第三年春天在新的树枝上再提出新枝。这样生长的树很少，被村民认为是吉祥之物。有人结婚，就折一枝香榧树枝放在屋里，寓意能够百年好合，儿孙满堂。这些大树能够存活下来，是因为村民不让任何人砍伐它们，他们每个人都肩负着保护着大树的神圣使命。

世间有树，我多想像树一样活着。

发现自己的隐形福利

　　我记得一次经历。我、艾琳，还有另外两个朋友去吃自助餐，可选择的东西太多，不知吃什么好。很多人冲着好的拿，比如基围虾、生鱼片，因为这些是限量供应，我虽然不爱吃生鱼片，但不拿好像不甘心。艾琳不紧不慢地拿咖啡、小菜和沙拉，都是不值钱的东西。我笑她："这样吃，只够吃回十分之一。"艾琳笑了："我到哪里都只拿喜欢的，别的再多都不要。"

　　有一次，我读蒋勋《生活十讲》的一段话："有的人，对于自己所拥有的东西，是一种充满而富足的感觉，他可能看到别人有而自己没有的东西，会觉得羡慕、敬佩，进而欢喜赞叹，但他回过头来还是很安分地做自己。他不会觉得赚的钱少就是不好，或是比别人低贱，也不会一窝蜂地模仿别人、复制别人的经验。在巴黎从来不会同时出现四千多家蛋挞店，这是不可能会发生的事。可是，你会在城市的某一个小角落，闻到一股很特别的香味，是咖啡店主人自己调出来的味道。二十年前，你在那里喝咖啡，二十年后，你还是会在那里喝咖啡，看着店主人慢慢变老……每一个角落里都有一个人的自信，而且安安静静的，不想去惊扰别人似的。"

　　这段话真的让我太认同了。很多情境下，我们都是"不够不够"，好了要更好，多了要更多，永不满足。

　　比如，对工作不满足，每天怨气冲天，艾琳却能发现隐形福利。

　　当年毕业时，别的同学好高骛远，很虚荣，选择单位要好听又要有钱。可这么好的单位凭什么要你？艾琳只选自己最需要的。你很难想象她选择一个单位的原因，居然是因为外围环境。她选择去那所很不起眼的中专教书，因为靠近一个天然湖泊公园。

她经常提起一个名称"隐形福利"。

步行去湖边，五分钟，好像单位的后花园。每天中午两个多小时，她几乎都泡在那里。有一条林荫大道直通公园侧门，走进去，有一片茂密的香樟树林，静下来，香樟清洁的气味四处流淌。那条湖边的路，她给它命名"黄金小道"，因为总是阳光温暖，岁月静好。

因为这块地方，她享受了许多。而单位很多人宁可中午待在办公室里上网，也不愿多走一步。很多人还在抱怨压力待遇、人际纷扰，这一切她当然也会有，或者更多，但她可以慢慢屏蔽掉，不去抱怨。日本人喜欢说"一期一会"，真的是这样，每一个当下都是唯一。

她听到好友抱怨时，总提醒：你发现了身边的隐形福利吗？它或者是单位附近一个漂亮的街心公园，或者是离你上班三步之遥的一家咖啡馆，或者只是可以躺着晒太阳看书的小转角……它是免费的。只是它们常常空无一人，因为你们觉得不够，你们忙着找别的东西去了。

艾琳只住一套房，现在过好就行，想那么多干吗？操那么多心，不如活个自在。艾琳的"够了"绝不是装出来的，她是真的这样想。就拿小孩教育这件典型事来说吧，多少家长对孩子的要求是：不够，你可以更好，再努力点。家长急切地去要求着，爱变形了，有多少畸形灵魂从此产生？大家都累。艾琳对孩子常说的一句话是："你这样挺好的。尽力就可。"她孩子学习也没见差。孩子能这样健康良好，就够了。

你说你在好些事上纠结，那不是别的原因，也许是你永远不够。

分享你的美好

　　阳光把真诚的爱送给大地，大地万物生长；月亮把美好光明献给世间，世间充满诗情画意。春雨滋润禾苗、花草，五谷丰登，鸟语花香，人畜兴旺。

　　把仇恨逐出心空，把愁苦赶出心诚，换一个灿烂的艳阳天给自己，也给别人。把自己的心灯先点亮，也把别人的心灯燃亮，共度漫漫长夜，自己的人生路上不再枯寂，别人的人生路也增添了光彩。

　　心中有了窗棂，阳光才能照进来。心中有了明灯，你才不会困惑迷茫。不仅自己要拥有一份明朗的心情，还要给他人带去明朗、愉快的心情，将自己的真才实学和美好送给别人，别人不会总送给你一张苦脸、哭脸。如果烦心事太多，别怪别人，分析一下原因和来龙去脉，往往是因为你的心胸还不够宽大。要学会拓宽自己的心胸。要记住，许多情况下，你的心胸是被冤枉和委屈撑大的。有一天，你会突然发现。以前过来的磨难和磨炼都沉淀成人生路上宝贵的财富，它让你深深地知道，晴天和雨天不一样，温暖和寒冷不一样，干爽和潮湿不一样，大海和小溪不一样，有大爱和有小有不一样，有爱心和没有爱心更不一样。播撒更多的爱给人间吧，人间就少些心灵的沙漠，多些心灵的绿洲！

　　心里缺少光亮，就先吸纳别人的正能量和光亮。心里充满阳光，要懂得释放你的温暖和光明。要怜惜枯萎的禾苗，要滋润干渴的禾苗，以阳光甘露，以春风化雨。

　　任何时候，都要心存高贵、尊严、善良、追求等，这些都是美好高尚的字眼，让你拥有完善的措施、丰富的思想、良好的心态及不再破碎的心灵世界。

洒一些锦囊妙计的香露给人间，串一些神秘念珠给他人，布一些花香送亲朋，春天定会永驻你心间。伤害奈何不了你，千种厄运，万般挫折也奈何不了你，忧伤对你望而却步，痛苦见你也畏惧三分，欢乐和幸福总会最早向你抵达。

把眼睛睁大，把阅历放大，把事业放大，让耳朵静听世界各个角落的声音，把感觉的触角锻炼得敏锐一点，一切芳香会狂奔而来，一切喜欢悦会蜂拥而至。眼前会出现一番新景象，面前会出现一番新天地。灵魂跟着心走，心跟着美好走，美好跟着耳目走。让美好多多点缀你的耳目，让美好洋溢在你的四周和心空。让人生的天线多多吸收亮丽健康的信号，多给自己一些坚毅果敢，多给别人一些平和、旷达、包容，像温玉一样平和，如大海一样旷达，似天空一样包容。玉碎也要保持着平和，海洋动与不动都保持旷达，天空既包容晴天丽日，也包容乌云闪电。

任何时候，不要忘记，把你的美好送给别人，把你的精华献给人间。美好本身就介入着你的人格的魅力，人品的力量。只有这样，你和人们的心中才会春天永驻，四季花香，怡享天年。

画一扇心灵之窗

在朋友家里，我才知道什么是"蜗居"——一家三口，挤在不足30平方米的空间里。房子虽小，但主人会打理，因了匠心独具的布置，小屋看起来并不是那么拥挤不堪。

最让我惊讶的是，他家的后"窗"很特别。猛一眼看去，窗户打开着，外面是辽阔的草原，绿草茵茵，鲜花盛开。凑近了看，原来是一幅画。不过，这画立体感很强，远看去，还真像一扇实实在在的窗。因了这窗，小房子的空间仿佛大了许多。不得不佩服朋友的天才创意了。

朋友的职业是开出租车，但他同时是位业余画家，在这个小城的文艺圈里，他是有名的"出租车画家"。他常笑说，自己是小城画家里，车开得最好的一个；在出租车驾驶员里，他是画得最好的一个。

他人小就喜欢画画，读书上课之余，常常在废纸上用铜笔画这画那。那时，他的愿望是长大后能当画家。然而，长大后，他没能当了画家，却当了与画家看起来距离很遥远的出租车司机。因为当时几个兄弟姐妹都读书，家里很困难，他是老大，只能早早退学赚钱，减轻一点父母的负担。

但他从没放弃过当画家的梦想。工作之余，只要有空就涂涂抹抹。除了拜访小城有名气的画家，向他们学习之外，还报名参加网上的书画函授班，为自己充电。在一起开出租车的司机们常问他，你开好你的车就行了，学哪个干啥呢，难道你指望着能靠画画赚钱？他听了只是笑笑，并不解释。

如今他的日子依然过得有些清苦。妻子没有正式工作，在街上摆小摊，卖些吃食，收入微薄。但我从来也没看到他沮丧过，抱怨过，不论在哪里看到他，一准是乐呵呵的模样。

日子虽苦点，但他的家庭是美满的。妻子很贤惠，两人结婚十几年来，从没吵过架，红过脸。女儿呢，也很争气，学习很好，并且懂得孝顺父母，放学早早回家帮母亲做家务。

那次去他家时，他可爱的女儿，指着那扇画在墙上的"窗户"，对我说，我家的窗外，也会随着季节变化呢——春天时，窗外柳树发新芽，燕子雨中飞；夏天时，盛开着五颜色六色的花，很美很美；秋天时，枫叶火红，大雁南飞；冬天时，雪花飘飘。小女孩儿这样说时，满脸的快乐。

这一家人的知足常乐，让我感动——在这样贫苦的日子里，他们居然能把生活过得这样有声有色。

我想，朋友是有大智慧的人，他画的这扇窗，为一家人开启了一道心灵的门，这样，无论生活在怎样艰难的困境里，他和他的家人都依然能够永怀希望，看到光明。

怀念一碗米线

我上的小学离家不远，沿着城墙向东走第一个丁字路口向南拐就到了。

1996年我6岁，那时的冬天比现在冷得多。闹钟总在清晨6点叫醒我，我穿着秋衣秋裤爬出被窝。厨房里，妈妈早已给牙刷上挤好牙膏，我就着水龙头里冰冷的自来水刷牙，瑟瑟发抖、半睡半醒。在北方没有暖气的房子里，窗户上到处是北风雕琢的冰花。用手轻轻地抠冰花往往会抠下来一大片，捧在手心里还没等把玩够就已经融化。

我用学校晨会的借口打发掉家里做好的早餐，怀里是爷爷奶奶给的皱巴巴的零钱，背起书包就出门了。

天蒙蒙亮，筒子楼的楼道充斥着黑暗。半闭着眼睛半走半跳蹦下楼梯，在出单元楼的那一刹那像参加赛跑一样跑出狭长的院子。我跑出院子，深深地呼吸，然后回头看看依旧漆黑的身后是不是有怪物在追赶我。

在离学校不远的地方有一个米线摊。老板是一对夫妻，一辆小车上面搭着白色的格挡。白色的格挡里面是套着白色塑料袋的碗，旁边的筐子里装的是切好的海带丝，一个红色的塑料桶装满了红艳艳的辣椒酱，碗旁边的小盆装的是切好的香菜。小车的旁边是一口大锅，说是锅其实更像是一个铝的大桶。桶里面装满了白色的高汤，油脂一圈一圈地漂浮在汤的表面。锅的周围搭着涮米线用的竹筛，米线就堆在锅旁。小车的旁边是一张长长的却矮矮的桌子，桌子旁摆满了小板凳。

老板卖的米线有一块钱和一块五两种，贵五毛钱的米线分量更足，吃得会更饱。但是我的口袋里有一块钱的时候我已经觉得非常幸福，再多五毛的话就是可望而不可即的奢侈。

天蒙蒙亮，我从口袋里掏出皱皱巴巴的一块钱递到老板娘手里。老板娘笑呵呵地接着钱告诉老板："再加一个米线"。她拉着我的手带我到小板凳上坐下然后才去招呼别的小孩。

坐在小板凳上却不能看清对面人的脸庞。等米线上桌的时刻总是很难熬，我搓着冻僵的小手，把帽子压得低低的，时不时地看看时间摸摸口袋。

我喜欢看老板做米线。我看到老板从车里拿出米线，熟练地在自己的左手上缠几圈然后用力地揪断，再放到筛子里扔进汤桶。右手拿起碗加点海带丝，舀一勺辣酱，加点盐、味精。左手再从桶里捞出已经烫好的米线，把柔软的米线倒进碗里盛一勺高汤再撒点榨菜和葱花，米线就做好了。

老板娘一边说："小心烫、小心烫"，一边把米线端到我面前，我面对不仅仅是一碗米线更面对的是一种满足的心情。

红油油的高汤像一潭寂静的湖水，湖水中间是米线堆成的滩涂，翠绿的葱花和鲜黄的榨菜仿佛滩涂上点点的草木和斑驳的石头，黑色的海带丝像水草一样潜伏在湖底。这哪是一碗米线，这分明就是一幅山水。

我搓了搓手。一次性筷子掰开后要像大人一样互相摩擦一下，我并不知道为什么要把一次性筷子互相摩擦一下，但总觉得摩擦筷子会让自己有长大的感觉。的确年幼时我们总模仿大人，等长大了才盼望自己依旧是个孩子。

第一口总是要先抿一下浓汤，这一口浓汤下肚驱走了冬天早上的严寒，身体里那冻僵的灵魂仿佛随着这一口热气腾腾的浓汤开始解冻，生命的美好从这一刻在清晨绽放。

用筷子夹起米线，忍不住的口水像开闸的洪水一样。把米线塞进嘴里，那细腻的感觉是多年后和恋人亲吻才能相媲美。

然后是一粒榨菜、一口葱花；我不知道怎么形容，只看见一群孩子都埋着脑袋，有人扯开了妈妈亲手围上的围巾，有人书包掉到地上却浑然不觉。所有的注意力都集中在米线上。

天慢慢放亮了，小朋友的面容也渐渐清晰。看着别人狼吞虎咽，自己也不觉加快了速度。端起碗用全身的力气去吸那热辣的高汤，舌头被汤包裹着麻麻地失去了知觉。突然是谁重重地把空碗放在桌上，响亮的饱嗝惹来大家一阵欢笑。

仿佛才刚刚开始却又如此迅速的结束，空碗放在桌子上里面是辣酱的残渣和碗沿上黏着的葱花。

吃完这些，仿佛浑身都有了力量，不再畏惧寒冷不再觉得困顿。我背起书包飞奔向学校。

十几年后的米线价钱已经涨了好几倍，我也不用偷偷地花爷爷奶奶给的毛票。米线从路边的小摊挪到了商业繁华的快餐店。配菜也不再是简单的只有海带丝和葱花，米线花样也越来越多了。可是我却再也没有吃到那种米线，也再没有吃那种米线时的那种心情，忽然间我明白我爱吃的米线再也不会出现了。

积攒小幸福

上街办事，存自行车时，看车老大爷递过车牌后，说了句："小伙子，天气预报说，明天降温，出门可要多穿点啊。"萧瑟秋风中，心便倏地暖了一下。

下班回到家，妻子递过一杯热茶："坐沙发上歇一会儿吧，饭菜马上就好。"接茶在手，白天工作中的不快一扫而光，家的温馨顿使烦躁的心春风骀荡，百鸟和鸣。

吃完饭，摇摇晃晃走出饭店时，服务员匆匆跑出来："先生，您的手机忘在雅间了。给，您收好。"接过手机，心头又是一暖，"谢谢"两个字从肺腑中自然流出。

在收藏协会给收藏爱好者讲课时，讲到口干舌燥处，忽见一位老年藏友蹒跚着走上讲台，将一瓶冰红茶递给我："老师，润润嗓子，多讲点。"望着老者下台的背影，清凉的冰红茶突然变得滚烫起来，如老大爷的一颗心。

处于青春期的儿子平时很少与我沟通。那天我醉后回家，进门就躺在沙发上睡着了。醒来时发现身上盖着条棉被，沙发旁的茶几上放着一张纸条："老爸，以后少喝点酒吧，人到中年了，健康第一啊！我上学去了，晚上回来给您熬红枣汤。"看着纸条，想着平时与我剑拔弩张、不肯多说一句话的儿子，眼里竟有些潮意。啊，原来在沉默寡言的儿子的心中，还有父亲这颗太阳的位置。

……

这些，都是我日常生活中遇到的小事，因为每件事都让我感动，都让我感到幸福，所以我把它们珍藏在心底，随时随地我都可以如数家珍，丝毫不差地讲出来、记起来。

也许，在很多人看来，这些小幸福只是些鸡毛蒜皮的小事，不值一提；但正是这些小事，感动并丰满着我日渐丰腴的幸福感。它们像一粒粒珍珠，被我积攒而串成了项链，在我的生命中闪耀着纯真的光芒；又像一滴滴水，被我积攒成一汪汪清泉，在旅途中滋润着我干渴的心田，折射着太阳的光辉，照亮我的前程。

现实生活中，为什么有那么多人患上了幸福缺乏症？罪魁祸首就是攀比和忽略。因为时时攀比，人们丢失了自己的幸福定位，迷失了幸福的航向；因为忽略了生命旅途中随处可见的诸多小幸福，才时时觉得自己站在不幸的深渊里。"积土成山，风雨兴焉；积水成渊，蛟龙生焉"。小幸福积攒起来，便成了足够温暖我们一生的大幸福。

寂寞中的丰盈

上午在阳台上看书，却不知为何看不进去，决定找一位朋友聊聊天，进门才发现家里有牌局，一群人正把麻将牌洗得哗啦啦响。朋友抬头问："有事儿？"我笑着摇头说："没事，只是来看你们打牌。"

想着自己的表情，微笑着摇头。其实心里是寂寞的，对麻将牌毫无兴趣的我，是没有理由来看牌的。

下午开着电脑听歌，却怎么也找不到中意的，排行榜一首首点击，却都觉得像是噪音，新新人类的歌曲我是接受不了了，决定关了电脑去找另一位朋友。敲门，他新婚的妻子把门拉开一条缝说："他不在家，你找他有事吗？"我笑着摇头说："没事，只是想来看看你们。"

想着自己的表情，微笑着摇头。其实心里是寂寞的，这位朋友的妻子常常拒人于千里之外，我是没有理由来看他们的。

手机拿在手上，通讯录里的名字一个个翻过，想要给谁打个电话说说话，却找不到一个可以打的号码。看了无数遍的熟稔于心的名字，却迟迟不敢按下接通的那个键。

想着自己的表情，微笑着摇头。其实心里是寂寞的，我只是不愿意承认，此刻我的寂寞想要别人分担，却找不到那个人。

晚上登录QQ，习惯了"隐身"的我，把灯亮起，却也没有人和我说话。线上的好友很多，不知道他们在忙些什么，隐身的、在线的，没有人会在意我的寂寞。身边的朋友还不能理解我的寂寞，虚拟空间的朋友怎么可能理解呢？

其实一直是不想说这个词的，"寂寞"，总觉得矫情，可是，不能避免的我们常常有寂寞的时候。

其实我们的生命，又有几个人能没有寂寞呢？它是心底暗开的花，没有绚丽的色彩，没有芬芳的香味，却让心在某一时刻，突然牵牵扯扯地疼。

也许我们所能做的，只能是享受寂寞。享受一个人的寂寞时光，或者泡一壶清茶，顺手打开音响，让轻柔的旋律清香袅袅，围绕在房间的每个角落，或者静静地读一本书，看一张碟，生命的流光悄悄流过，却也在把我们珍惜的东西流入生命，它滋养着我们的容颜，而我们也将在寂寞中独自丰盈。